信息科学技术学术著作丛书

现代图像处理理论

赵永强　薛吉则　杨劲翔　编著

科 学 出 版 社

北　京

内 容 简 介

图像处理理论近年来发展迅速，从稀疏表示理论到基于张量表示和深度学习的图像处理方法不断涌现，并且这些全新的图像处理方法已经应用在手机、视频监控、遥感数据处理中心等平台上。本书以彩色图像、多/高光谱遥感数据、视频数据、偏振时序图像数据为研究对象，总结以张量表示方法和深度学习方法为核心的图像处理理论的最新进展，并从工程应用的角度介绍如何利用张量表示方法和深度学习方法解决多/高光谱遥感数据、视频数据、偏振时序图像数据的处理问题。

本书可作为控制科学、计算机科学、人工智能、电子信息、光信息科学与技术等专业高年级本科生和研究生的参考书，也可供相关领域研究人员和工程技术人员参考。

图书在版编目(CIP)数据

现代图像处理理论 / 赵永强, 薛吉则, 杨劲翔编著. -- 北京：科学出版社, 2025. 4. -- (信息科学技术学术著作丛书). -- ISBN 978-7-03-081698-6

Ⅰ. TN911.73

中国国家版本馆CIP数据核字第2025VJ9008号

责任编辑：郭　媛 / 责任校对：崔向琳
责任印制：赵　博 / 封面设计：无极书装

科 学 出 版 社 出版
北京东黄城根北街 16 号
邮政编码：100717
http://www.sciencep.com
固安县铭成印刷有限公司印刷
科学出版社发行　各地新华书店经销
*
2025 年 4 月第 一 版　开本：720 × 1000 1/16
2025 年 10 月第二次印刷　印张：10 3/4
字数：217 000
定价：120.00 元
（如有印装质量问题，我社负责调换）

"信息科学技术学术著作丛书"序

  21 世纪是信息科学技术发生深刻变革的时代，一场以网络科学、高性能计算和仿真、智能科学、计算思维为特征的信息科学革命正在兴起。信息科学技术正在逐步融入各个应用领域并与生物、纳米、认知等交织在一起，悄然改变着我们的生活方式。信息科学技术已经成为人类社会进步过程中发展最快、交叉渗透性最强、应用面最广的关键技术。

  如何进一步推动我国信息科学技术的研究与发展？如何将信息科学技术发展的新理论、新方法与研究成果转化为社会发展的推动力？如何抓住信息科学技术深刻发展变革的机遇，提升我国自主创新和可持续发展的能力？这些问题的解答都离不开我国科技工作者和工程技术人员的求索和艰辛付出。为这些科技工作者和工程技术人员提供一个良好的出版环境和平台，将这些科技成就迅速转化为智力成果，将对我国信息科学技术的发展起到重要的推动作用。

  "信息科学技术学术著作丛书"是科学出版社在广泛征求专家意见的基础上，经过长期考察、反复论证之后组织出版的。这套丛书旨在传播网络科学和未来网络技术，微电子、光电子和量子信息技术、超级计算机、软件和信息存储技术，数据知识化和基于知识处理的未来信息服务业、低成本信息化和用信息技术提升传统产业，智能与认知科学、生物信息学、社会信息学等前沿交叉科学，信息科学基础理论，信息安全等几个未来信息科学技术重点发展领域的优秀科研成果。丛书力争起点高、内容新、导向性强，具有一定的原创性，体现出科学出版社"高层次、高水平、高质量"的特色和"严肃、严密、严格"的优良作风。

  希望这套丛书的出版，能为我国信息科学技术的发展、创新和突破带来一些启迪和帮助。同时，欢迎广大读者提出好的建议，以促进和完善丛书的出版工作。

中国工程院院士

原中国科学院计算技术研究所所长

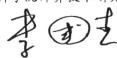

前　言

光学成像技术延伸并扩展了人眼的视觉感知边界，其以成像分辨率的提高、成像维度(时间、空间、光谱、偏振)的拓展、探测灵敏度的提升作为技术发展目标。单个光学成像系统很难获得在时间、空间、光谱、偏振等维度上同时具有高分辨率的图像，需要将多个光学成像系统的输出图像进行融合，如红外图像与可见光图像的融合、多光谱图像与高光谱图像的融合、高光谱图像与偏振图像的融合等，使融合的结果具有更高的空间分辨率、光谱分辨率或者偏振分辨率，为后续的特征提取、目标检测和识别提供便利。但这些图像数据维度更高、结构更复杂，因此要分析数据的内在结构，最先做的是保证数据的完整性。由于张量建模能更好地表示数据的结构，挖掘并利用其蕴含的结构信息，是高维图像处理的重要方向。同时，随着深度学习理论的快速发展，基于深度学习的图像处理理论也成为高维图像处理研究的重要方向。

全书共 4 章，第 1 章从典型成像链路出发，重点介绍分焦平面马赛克图像重构、融合的基本理论和方法；第 2 章介绍图像重构中经常使用的图像先验知识；第 3 章从深度学习的基本概念出发，介绍图像处理中常用的深度学习方法；第 4 章从高维图像的张量建模出发，介绍在张量框架下的图像处理以及张量建模与深度网络相结合的图像处理发展趋势。为了便于阅读，本书提供部分彩图的电子文件，读者可自行扫描前言二维码查阅。

本书是作者承担的有关深圳市科技重大专项（项目编号：KJZD20230923114159039)、国家自然科学基金项目(项目编号：61771391)等研究成果的总结。除了作者，参与本书内容构建工作的还有王秉路、郭阳、刘攀、乔新博、郭文迪、宋健、张蓓、张磊等，在此向他们表示诚挚的谢意。

限于作者水平，书中难免存在不足之处，恳请读者批评指正。

作　者

2024 年于西安

部分彩图二维码

目　　录

第1章　图像处理基础理论

视觉是人类获得客观世界信息的主要途径，人类感知外界信息约有 80%来自视觉[1]。受视网膜和视神经系统等机能的限制，人眼视觉在时间、空间、光谱、偏振灵敏度、分辨力等方面均存在局限性。光学成像技术利用各种光学成像仪器，如显微镜、望远镜、计算机断层扫描(computer tomography，CT)、红外热像仪、多/高光谱成像仪、偏振成像仪、三维摄像仪、手机摄像机等，实现光信息的可视化，同时延伸并扩展人眼的视觉感知边界。

一个典型的光学成像系统主要由光源、光学镜头组、光探测器三部分组成。光学镜头将所观测场景目标反/透/散/辐射的光线聚焦在探测器表面，探测器单元和场景之间通过建立一一对应关系来获取图像，光线的强度由光探测器离散采集并经过图像处理器数字化处理后形成计算机可显示的图像。以手机的彩色成像系统为例，光探测器主要由微透镜阵列、滤色片阵列、光敏元件、模数(analog to digital，AD)转换器、控制电路及接口等组成，如图 1-1 所示。

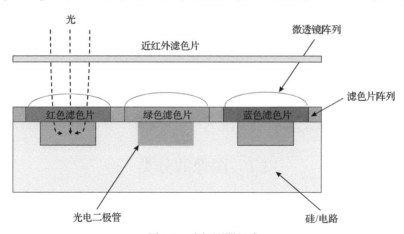

图 1-1　光探测器组成

光探测器所采集的信号经图像信号处理器(image signal processor，ISP)得到最终的输出图像，图像信号处理器对光探测器的输出信号进行增益增强、图像去马赛克、图像去噪、白平衡及色彩空间变换、色彩渲染、超分辨重建、色彩映射、图像压缩，最终得到可显示的数字图像。光探测器和图像信号处理器中的图像处理算法构成了典型成像链路，如图 1-2 所示。光学成像技术延伸并扩展了人眼的视觉感知边界，其以成像分辨率的提高、成像维度(时间、空间、光谱、偏振)的拓展、探测灵敏度的提升作为技术发展目标。单个光学成像系统很难获得时间、空间、光谱、偏振等维度同时具有高分辨率的图像，需要将多个光学成像系统的输出图像进行融合，如红外图像与可见光图像的融合、多光谱图像与高光谱图像的融合、高光谱图像与偏振图像的融合等，使融合的结果具有更高的空间分辨率、光谱分辨率或者偏振分辨率，为后续的特征提取、目标检测和识别提供便利。

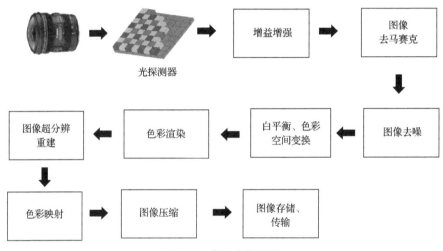

图 1-2　典型成像链路

本书从光学图像处理的基本概念出发，以图像去马赛克、图像去噪、图像超分辨重建及图像融合为例，介绍相关图像处理算法的最新理论和应用进展。

1.1　图像的分类

数字图像(以下简称图像)是指用数字成像设备经过采样和数字化得到的一个矩阵，该矩阵中的元素称为像素，像素值为一整数。按照颜色和灰度的多少可以将图像分为三种基本类型：二值图像、灰度图像、RGB 彩色图像[2]。

1. 二值图像

一幅二值图像对应的矩阵仅由 0、1 两个值构成，0 代表黑色、1 代表白色，如图 1-3 所示。由于每一像素(矩阵中每一元素)取值仅有 0、1 两种可能，所以计算机中二值图像的数据类型通常为 1 个二进制位。二值图像通常用于文字、线条图的光学字符识别(optical character recognition，OCR)和掩模图像的存储。

图 1-3　二值图像示意图

2. 灰度图像

灰度图像矩阵元素的取值范围通常为[0，255]。因此，其数据类型一般为 8 位无符号整数(int8)，即 256 灰度图像。0 表示纯黑色、255 表示纯白色，中间的数字从小到大表示由黑到白的过渡色，如图 1-4 所示。在某些软件中，灰度图像也可以用双精度数据类型(double)表示，像素的值域为[0，1]，0 代表黑色、1 代表白色，0 到 1 之间的小数表示不同的灰度等级。二值图像可以看成灰度图像的一个特例。

图 1-4　灰度图像示意图

3. RGB 彩色图像

RGB 彩色图像分别用红（R）、绿（G）、蓝（B）三原色的组合来表示每个像素的颜色，如图 1-5 所示。RGB 彩色图像每一个像素位置的取值为[R, G, B]向量，由红、绿、蓝三个分量的取值组成。

图 1-5　RGB 彩色图像示意图

1.2　图像去马赛克

1.2.1　滤色片阵列

一般的光探测器，以互补金属氧化物半导体（complementary metal oxide semiconductor，CMOS）阵列来感应光的强度，不能区分光的色彩，对应的输出是灰度图像。为获得彩色图像，光探测器需要通过彩色滤色片获取像素点的色彩信息。滤色片阵列是光探测器上方的一层由红、绿、蓝三种滤色片以特定的排布模式组成的阵列，以确保特定的位置只允许特定颜色的光通过，常用的拜耳型滤色片阵列（Bayer color filter array，Bayer CFA），如图 1-6 所示。

发明于 1976 年的拜耳型滤色片阵列是目前市场上用途最广的滤色片阵列，拜耳型滤色片阵列中包括一个红色、一个蓝色和两个绿色的滤色片。因为人眼对绿光最为敏感，所以绿色滤色片的数量是红/蓝滤色片数量的 2 倍。在图 1-6

所示拜耳型滤色片阵列的结构中，两个绿色滤色片处在对角线位置，和红色、蓝色滤色片形成 2×2 的矩阵。在每个 2×2 像素块中，一般有 GBRG、BGGR、GRBG 和 RGGB 几种布局。将拜耳型滤色片阵列叠加在光探测器感光点上方，只允许特定颜色的光进入感光点。理论上，光探测器的每个感光点只能采集三原色(R、G、B)中的一种颜色，从而丢弃另外两种颜色信息。因此，光探测器需要通过去马赛克算法估计每个像素点上另外两种缺失颜色光的强度，最后得到该像素点的完整颜色值。除了拜耳型滤色片阵列，光探测器厂家根据特定的应用需求，设计了不同的滤色片阵列，如图 1-7 所示基于合成色彩成分(青色、品红和黄色)的滤色片阵列、RGBW 滤色片阵列、RGBG 滤色片阵列等。

图 1-6　拜耳型滤色片阵列

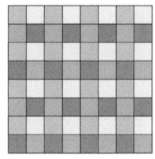 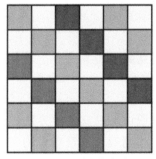 

(a) 青色、品红和黄色滤色片阵列　　　(b) RGBW滤色片阵列　　　(c) RGBG滤色片阵列

图 1-7　不同排布模式滤色片阵列示意图

1.2.2　图像去马赛克流程

以常见的拜耳型滤色片阵列为例，由于光探测器每个像素位置只能对红、绿、蓝三种颜色分量中特定的一种颜色分量进行采样。要得到一幅完整的彩色

图像，每个像素处需要全部的红、绿和蓝三色分量值。为了获得另外两个缺失的颜色分量，必须根据图像采样点的周围像素估计采样点处缺失的颜色分量值，这个过程称为图像去马赛克。去马赛克算法的结果直接关系到彩色数码相机获取彩色图像质量的好坏，也对后续相机内部其他操作有较大的影响。目前，利用主流去马赛克算法得到的彩色图像，其边缘和纹理等区域仍存在一定的模糊和伪影等问题。因此，进一步研究更高效的图像去马赛克算法，以保证获得质量更高的彩色图像。图像去马赛克算法的研究，仍然具有很高的理论价值和商业价值。拜耳型滤色片阵列去马赛克的常用流程如图 1-8 所示。

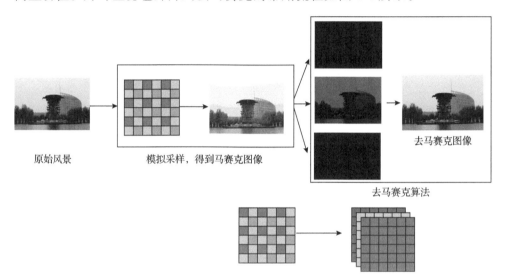

图 1-8　拜耳型滤色片阵列去马赛克流程图

1.2.3　RGB 彩色图像去马赛克算法

1. 双线性插值法

双线性插值法是一种单通道的独立插值方法，其思想是计算出某一点的未知颜色分量，通过对邻近的相同颜色分量求平均来实现，具体算法如下。

1) 对绿色分量已知的像素

它的红色分量和蓝色分量分别由和它相邻的两个红色、蓝色像素的线性插值得到。依据绿色像素所在的行不同，有两种情形，如图 1-9 所示，一种情形是与之紧邻的水平方向上是红色像素，而垂直方向上是蓝色像素；另一种情形是与之水平紧邻的是蓝色像素，而与之垂直紧邻的是红色像素。

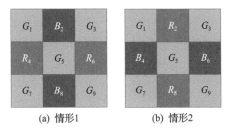

(a) 情形1　　　　　　　(b) 情形2

图 1-9　双线性插值法绿色像素的红色和蓝色分量的两种情形

在第一种情形下，它的三个颜色分量 (r_5, g_5, b_5) 分别由式(1-1)确定：

$$\begin{cases} r_5 = (R_4 + R_6)/2 \\ g_5 = G_5 \\ b_5 = (B_2 + B_8)/2 \end{cases} \tag{1-1}$$

而在第二种情形下，它的三个颜色分量 (r_5, g_5, b_5) 分别由式(1-2)确定：

$$\begin{cases} r_5 = (R_2 + R_8)/2 \\ g_5 = G_5 \\ b_5 = (B_4 + B_6)/2 \end{cases} \tag{1-2}$$

2) 对红色分量已知的像素

它的绿色分量和蓝色分量分别由和它相邻的 4 个像素通过双线性插值得到。以图 1-10 区域中心的像素 R_5 为例，它的三个颜色分量 (r_5, g_5, b_5) 分别由式(1-3)确定：

$$\begin{cases} r_5 = R_5 \\ g_5 = (G_2 + G_4 + G_6 + G_8)/4 \\ b_5 = (B_1 + B_3 + B_7 + B_9)/4 \end{cases} \tag{1-3}$$

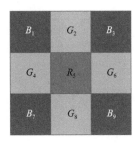

图 1-10　双线性插值法红色像素的绿色和蓝色分量

3) 对蓝色分量已知的像素

它的绿色分量和红色分量分别由和它相邻的 4 个像素通过双线性插值得到。以图 1-11 局部窗口的中心像素 B_5 为例，它的三个颜色分量 (r_5, g_5, b_5) 分别由式(1-4)确定：

$$\begin{cases} r_5 = (R_1 + R_3 + R_7 + R_9)/4 \\ g_5 = (G_2 + G_4 + G_6 + G_8)/4 \\ b_5 = B_5 \end{cases} \tag{1-4}$$

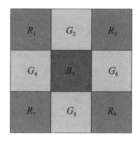

图 1-11　双线性插值法蓝色像素的绿色和红色分量

一般在实现双线性插值时，需要边界扩展以便于对边界上的像素进行颜色插值。需要在左边界、上边界、右边界以及下边界四个边界上各扩展一行/列像素。双线性插值法容易实现并且考虑了空间相关性，但完全忽略了光谱相关性和边缘结构细节，双线性插值法去马赛克结果经常存在颜色伪影、拉链效应和模糊等缺陷，仅适合重建较为平滑的图像类型。为改善简单插值算法存在的问题，设计去马赛克算法时需考虑空间相关性、光谱相关性及边缘效应。因此，一般来说双线性插值法难以取得令人满意的插值效果，但在此基础上发展出许多新算法。双线性插值法去马赛克仿真如图 1-12 所示。

(a) 马赛克图像　　　　　　　　　　　　(b) 双线性插值法去马赛克图像

图 1-12　双线性插值法去马赛克仿真

2. 边缘感知去马赛克算法

在基础插值方法的基础上，边缘感知去马赛克算法不仅考虑了空间相关性和光谱相关性，还考虑了边缘效应。该方法通过指定策略判断边缘的方向，控制绿色通道插值时的邻域选择，使得插值沿着边缘方向进行，避免了边缘两侧成分的混叠。利用拜耳型滤色片阵列对应的马赛克图像的对角对称性质，计算出一个能够混合对角和反对角方向梯度的逻辑函数。通过这个逻辑函数来指导绿-红和绿-蓝色差平面的插值，该算法在边缘检测时不仅准确且快速，与具有相似计算成本的方法相比，该算法实现精度更高；与精度相近的方法相比，该算法明显降低了计算成本。

边缘感知去马赛克算法在恢复绿色平面过程中，采用一阶梯度算子和二阶梯度算子结合的方式计算水平和垂直方向上边缘梯度的变化；插值时使用一个可以平滑地将两个方向梯度值融合在一起的连续函数 ω_h，ω_h 函数将方向梯度差非线性映射到 [0, 1] 区间转换为方向权重，如果水平方向梯度值大于垂直方向梯度值，那么说明图像在垂直方向存在边缘的可能性较大，$1-\omega_h$ 值也相应较大，则分配给垂直方向插值结果更大的权重，避免了小偏差梯度导致边缘方向检测错误引起截然相反的去马赛克结果。将函数 ω_h 和 $1-\omega_h$ 表示为

$$\begin{cases} \omega_h = \dfrac{1}{1+\mathrm{e}^{k(v_h-v_v)}} \\ 1-\omega_h = \dfrac{1}{1+\mathrm{e}^{k(v_v-v_h)}} \end{cases} \tag{1-5}$$

其中，v_h 和 v_v 分别为水平方向梯度值和垂直方向梯度值；k 为使 ω_h 满足所有需求的正实数。

如图 1-13 所示，边缘感知去马赛克算法在恢复红、蓝平面时，以像素点 $(i, j) \in B$ 恢复红色通道为例，先恢复绿-红色差平面，在对绿-红色差平面插值时，依旧采用边缘感知策略。在 5×5 邻域内，水平方向和垂直方向上最多有两个相邻可利用的绿-蓝色差值，对角线和反对角线上可以利用四个绿-红、绿-蓝色差值。所以，边缘感知去马赛克算法采用对角线对称特性先计算对角线和反对角线方向的梯度值，再使用边缘感知插值方案。

边缘感知去马赛克算法依旧在原始拜耳型滤色片阵列对应的马赛克图像上计算对角线和反对角线方向上的一阶和二阶梯度值，记为对角线和反对角线方向梯度值 v_d 和 v_a。对角线和反对角线方向上的逻辑函数 ω_d 按照水平、垂直方向计算方法为

$$\begin{cases} \omega_{\mathrm{d}} = \dfrac{1}{1 + \mathrm{e}^{k(v_{\mathrm{d}} - v_{\mathrm{a}})}} \\[3mm] 1 - \omega_{\mathrm{d}} = \dfrac{1}{1 + \mathrm{e}^{k(v_{\mathrm{a}} - v_{\mathrm{d}})}} \end{cases} \tag{1-6}$$

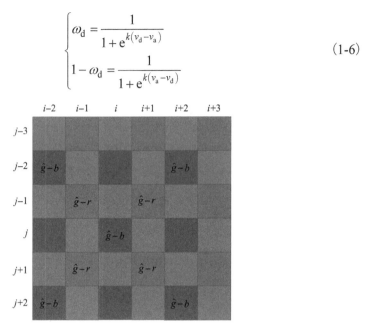

图 1-13　像素点 $(i, j) \in B$ 相邻绿-红、绿-蓝色差值 $\hat{g} - r$、$\hat{g} - b$ 示意图

对绿-红色差平面插值时，先按照式(1-7)计算邻域内对角线和反对角线上 $\hat{g} - r$ 的平均值 $\overline{(g-r)_{\mathrm{d}}}$ 和 $\overline{(g-r)_{\mathrm{a}}}$。再辅以式(1-8)所示绿-蓝色差平面的二阶偏导数修正：

$$\begin{cases} \overline{(g-r)_{\mathrm{d}}} = \dfrac{(\hat{g}-r)(i+1, j+1) + (\hat{g}-r)(i-1, j-1)}{2} \\[3mm] \overline{(g-r)_{\mathrm{a}}} = \dfrac{(\hat{g}-r)(i-1, j+1) + (\hat{g}-r)(i+1, j-1)}{2} \end{cases} \tag{1-7}$$

$$\begin{cases} \partial_{\mathrm{d}}^2(\hat{g}-b) = \dfrac{(\hat{g}-b)(i+2, j+2) + (\hat{g}-b)(i-2, j-2) + 2(\hat{g}-b)(i,j)}{8} \\[3mm] \partial_{\mathrm{a}}^2(\hat{g}-b) = \dfrac{(\hat{g}-b)(i+2, j-2) + (\hat{g}-b)(i-2, j+2) + 2(\hat{g}-b)(i,j)}{8} \end{cases} \tag{1-8}$$

最后，通过逻辑函数来指导绿-红色差平面的恢复，表达式如式(1-9)所示：

$$\widehat{g-r}(i,j) = \omega_{\mathrm{d}}\left(\overline{(g-r)_{\mathrm{d}}} - \partial_{\mathrm{d}}^2(\hat{g}-b)\right) + (1-\omega_{\mathrm{d}})\left(\overline{(g-r)_{\mathrm{a}}} - \partial_{\mathrm{a}}^2(\hat{g}-b)\right) \tag{1-9}$$

当 $(i, j) \in B$ 时，红色通道恢复为

$$\hat{r}(i,j) = \hat{g}(i,j) - \widehat{g-r}(i,j) \tag{1-10}$$

蓝色通道的恢复与红色通道的恢复过程类似。

边缘感知去马赛克算法在红色斜向单像素边缘、黄色单像素边缘、边缘拐点等多处出现彩色杂点。经过放大图像分析像素点发现，红色边缘上的彩色杂点大多出现在蓝色像素点处。通过跟踪算法中出现杂点现象的蓝色像素点 $(i,j) \in B_{\text{error}}$，发现在红色通道 $\hat{r}(i,j)$ 恢复过程中，该蓝色像素点 $(i,j) \in B_{\text{error}}$ 对应插值完成的绿-红色差绝对值 $\left|\widehat{g-r(i,j)}\right|$ 偏低，其中 $\left(\widehat{g-r(i,j)}\right) \leqslant 0$，导致恢复的红色通道值 $\hat{r}(i,j)$ 偏低。但由于该点处在红色单像素边缘，该点的绿-红色差绝对值应该偏高而不是偏低，这一环节出错才导致出现彩色杂点。这是因为边缘感知去马赛克算法在恢复蓝色像素点缺失的红色通道时，采用的是色差平面插值法，然而色差规律只适用于无明显彩色边缘的图像小块邻域内，在白色背景下的红色边缘处色差恒定不成立导致插值错误。边缘感知去马赛克算法仿真如图 1-14 所示。

(a) 马赛克图像　　　　　　　　　　(b) 边缘感知去马赛克图像

图 1-14　边缘感知去马赛克算法仿真

1.3　图 像 去 噪

相机在成像过程中都会产生噪声，整个成像系统有很多噪声源：热、电子、放大器增益、光电转换、像素缺陷、读出电路等。而这些噪声源所产生的噪声根据其统计特性又可以进一步分为高斯噪声和泊松噪声。高斯噪声主要由热、放大器增益、读出电路等因素产生，具有独立同分布特性，是加性噪声。而由入射光转换为电荷时的波动引起的噪声满足泊松分布，噪声强度与信号强度相关，是乘性噪声。

图像被噪声退化发生在图像生成的各个阶段中，包括图像初始形成阶段、中间传输阶段、后期处理阶段和长期保存阶段等。图像去噪即从含有噪声的图像中恢复出干净的图像或者降低图像受噪声的影响，根据退化图像的产生方式，采用不同的求解方法从退化图像中恢复出理想图像。图像的去噪过程是一个逆向推理过程，即通过退化过程中的先验知识建立相关数学模型来处理图像。要对图像进行去噪，首先要了解噪声的类型，分析图像退化的原因。常见的噪声分为以下三类：加性噪声、乘性噪声、脉冲噪声。

（1）加性噪声：通过与信号进行叠加从而对图像产生影响，含有加性噪声的图像可以描述为

$$y = x + n \tag{1-11}$$

其中，y 为含有噪声的图像；x 为原始图像；n 为噪声。加性噪声中的代表噪声为高斯噪声，高斯噪声产生的原因包括低照明度条件、传感器过热等。高斯噪声的分布属于高斯分布，其概率密度函数可以表示为

$$p(z) = -\frac{1}{\sqrt{2\pi}\sigma} e^{\frac{-(z-\mu)^2}{2\sigma^2}} \tag{1-12}$$

其中，z 为图像的灰度值；μ 为 z 的期望值；σ 为 z 的标准方差。

（2）乘性噪声：是一种随机噪声，主要受信道的影响而产生，与图像信号是相乘的关系，其数学公式表示为

$$y = xn \tag{1-13}$$

伽马噪声是乘性噪声的代表，其概率密度函数为

$$p(z) = \begin{cases} \dfrac{a^b z^{b-1}}{(b-1)!} e^{-az}, & z \geqslant 0 \\ 0, & z < 0 \end{cases} \tag{1-14}$$

（3）脉冲噪声：是一种幅值近似相等但是分布随机的噪声，其概率密度函数可以表示为

$$p(z) = \begin{cases} p_a, & z = a \\ p_b, & z = b \\ c, & 其他 \end{cases} \tag{1-15}$$

其中，当 $a < b$ 时，a 和 b 分别表示图像中对应的黑色点和白色点的灰度值。当 $p_a = 0$ 或 $p_b = 0$ 时，脉冲噪声变为单极脉冲。脉冲噪声中的代表为椒盐噪声，

当式 (1-15) 中 $p_a \approx p_b$ 且不为零时，椒盐噪声等同于脉冲噪声。

为了更直观地感受不同的噪声，以下选取街道图并对其添加不同的噪声进行展示，如图 1-15 所示。

　　(a) 原始图像　　　　　　　　　　(b) 高斯噪声图像　　　　　　　　　(c) 椒盐噪声图像

图 1-15　不同噪声的示例图

1.3.1　图像空域去噪算法

在空域，噪声常表现为一些孤立的像素点或像素块，可以通过对一些相似的像素进行变换以减少噪声。最常见的空域去噪滤波器可以分为两类：线性滤波器和非线性滤波器。在线性滤波器中，常见的有均值滤波器、线性加权滤波器和高斯滤波器。而非线性滤波器主要代表有中值滤波器、双边滤波器等[3]。线性滤波器主要适用于去除高斯噪声，而中值滤波器则更适合消除脉冲噪声。非线性滤波器技术利用了噪声信号和原始信号的统计特性进行去噪，其中传统的非线性滤波方法以中值滤波器为代表，而正在研究的新型滤波方法则包括形态滤波等。

1. 线性滤波器

线性滤波器通过计算一个像素及其邻域中所有像素的平均值，并将该平均值赋给输出图像中对应的像素。具体来说，线性滤波的过程是通过一个固定大小的窗口在图像上滑动。每滑动到一个新位置，窗口中心的像素值会用窗内所有点的灰度值线性加权平均值来替代。这样的操作会在图像中平滑灰度值的变化，从而减少图像中的噪声和细节。

假定有一幅 $N \times N$ 个像素的图像 $f(x, y)$，线性滤波处理后得到一幅图像 $g(x, y)$，$g(x, y)$ 由式 (1-16) 决定：

$$g(x, y) = \frac{1}{\sum\limits_{(i,j) \in S} w(i,j)} \sum\limits_{(i,j) \in S} w(i,j) f(i,j) \qquad (1-16)$$

其中，$x, y = 0, 1, \cdots, N-1$；S 为以 (x, y) 为中心的邻域集合；$w(i, j)$ 为加权系数。根据加权系数 $w(i, j)$ 取值规则的差异，线性滤波器进一步分为均值滤波器和高斯滤波器。

1) 均值滤波器

加权系数 $w(i, j)$ 均取 1，则式 (1-16) 变为

$$g(x, y) = \frac{1}{M} \sum_{(i, j) \in S} f(i, j) \tag{1-17}$$

其中，M 为 S 内的像素个数。上述公式表明，通过在图像 $f(x, y)$ 预定邻域内获取几个像素的灰度值，并计算它们的平均值，将该平均值赋给平滑后的图像 $g(x, y)$ 中的每个像素，从而实现图像的平滑处理，同时能够一定程度上过滤掉图像中的噪声。均值滤波的优点主要在于算法简单且计算速度快，但它也有一个明显的缺点，即可能会导致图像的模糊效果。在图像平滑的过程中，如果平滑程度不当，就会使得图像的细节如边界轮廓和线条变得模糊不清，从而导致图像质量下降。因此，在进行图像平滑时，常常需要权衡平滑效果和图像细节保留之间的关系，以获得满足需求的最佳结果。

图像均值滤波的效果与所选取的邻域半径密切相关，如图 1-16 所示。若邻域半径较大，则图像的模糊程度也较大。虽然图像邻域平均算法简单且计算速度快，但其主要缺点是在降低噪声的同时也会使图像产生模糊效果，特别是在边缘和细节处。当邻域的大小增加时，图像的模糊效果也会相应增强。为了减轻这种影响，可以采用阈值法，即根据下述准则来处理图像。该准则基于像素灰度值与邻域均值之间的差异来决定是否对像素进行平滑处理，从而在一定程度上保护图像的细节。这种方法只有在像素灰度值与邻域均值之间的差异小于某一预设阈值时才进行平滑处理，而对于差异较大的像素则保持原始的灰度

(a) 原始图像　　　　　　　　　　　　　(b) 噪声图像

(c) 3×3滤波效果　　　　　　　　　　(d) 5×5滤波效果

图 1-16　均值滤波

值，从而更好地保护了图像的细节信息。这种方法在一定程度上缓解了均值滤波导致图像模糊的问题，使得图像在降噪的同时仍能保持较好的视觉效果。

2) 高斯滤波器

噪声在图像中的表现通常是引起视觉效果孤立的像素点和像素块，简单说，噪声点会给图像带来干扰，让图像变得不清楚。而高斯噪声是指它的概率密度函数是服从高斯分布（即正态分布）的一类噪声。如果一个噪声，它的幅度分布服从高斯分布，而它的功率谱密度又是均匀分布的，则称它为高斯白噪声。

高斯滤波器是一类根据高斯函数的形状来选择权值的线性平滑滤波器，高斯平滑滤波器对于抑制服从正态分布的噪声非常有效。高斯滤波器的权系数 $w(x, x')$ 取

$$w(x, x') = \exp\left(-\frac{x - x'^2}{2\sigma^2}\right) \tag{1-18}$$

其中，σ 为方差，方差的物理意义是描述一组数据的分散程度，方差越小，数据越聚拢；方差越大，数据越分散。对于高斯公式，σ 越小，窗口内权重越聚拢，得到的图像越清晰；σ 越大，窗口内权重越分散，得到的图像越模糊。可以换个角度来理解它，如果窗口内的能量值固定为 1，分配得越集中，每个位置能分到的能量就越多，高斯波峰就会越高；分配得越分散，每个位置能分到的能量就越少，高斯波峰就会越低。所以极限情况就是均值，即所有的位置分配到了相同的能量。

高斯核给中心点像素分配最大的权重，离中心点的距离越远的像素点权重越小，对于图像细节，可以更好地被保留下来，而不是像均值滤波那样被一视同仁地全部抹平，如图 1-17 所示。

(a) 原始图像　　　　　　　　　　　　　(b) 噪声图像

(c) 3×3滤波效果　　　　　　　　　　　(d) 5×5滤波效果

图 1-17　高斯滤波

2. 非线性滤波器

1) 中值滤波器

中值滤波器是一种基于排序统计理论的非线性信号处理技术，能有效抑制噪声。中值滤波器具有运算简单和速度较快的优点，在去除叠加白噪声和长尾叠加噪声方面表现出卓越的性能。它不仅能滤除噪声，尤其是脉冲噪声，同时还能很好地保护信号的细节信息，如边缘、锐角等。另外，中值滤波器很容易实现自适应化，从而进一步提高其滤波性能。因此，中值滤波器非常适用于一些线性滤波器无法胜任的数字图像处理任务。

中值滤波是一种常用的非线性平滑滤波方法。它采用邻域运算，类似于卷积，但不涉及加权求和计算。其基本原理是：首先确定一个以某个像素为中心的邻域，通常为方形邻域；然后将邻域内的各个像素灰度值进行排序，取中间值作为中心点像素的新灰度值。这个邻域常称为窗口。简而言之，中值滤波就是用一个移动的窗口在图像上滑动，然后将窗口内所有像素灰度的中值赋值给窗口中心位置的像素灰度值。

对于一幅图像的像素矩阵，选取以目标像素为中心的一个子矩阵窗口 A，这个窗口的大小可以根据需要选择，常见的有 3×3、5×5 等。窗口的形状可以是方形、十字形或圆形等。然后，将窗口内的像素灰度值进行排序，取中间值作为目标像素新的灰度值。假设 $\{x_{ij}(i,\,j) \in I^2\}$ 表示数字图像中各点的灰度值，那么中值滤波器可以表示为

$$y_{ij} = \text{Med}\left\{x_{i,j}\right\} = \text{Med}\left\{x_{(i+r)(j+s)}, (r,s) \in A, (i,j) \in I^2\right\} \tag{1-19}$$

　　邻域的大小决定了在多少个数值中求取中值，而窗口的形状则决定了在什么样的几何空间中取元素计算中值。这两个参数——窗口大小和形状，会对滤波效果产生重要影响。

　　通过对图像中的每个像素点应用中值滤波算法，可以实现图像的平滑处理。该滤波器有效削弱或消除了高频分量，同时保留了低频分量。由于高频分量主要对应图像中的边缘区域，其灰度值在这些区域具有较大、较快的变化，所以中值滤波器能够将这些高频分量滤除，从而使图像表现出平滑的效果。

　　中值滤波器的输出像素值由邻域图像的中间值决定，因此相对于其他滤波方法，它对极限像素值与周围像素灰度值差异较大的像素并不敏感，如图 1-18 所示。这使得中值滤波器能够有效消除孤立的噪声点，并减少图像产生模糊的可能性。

(a) 原始图像　　　　　　　　　　　　　　(b) 噪声图像

(c) 3×3滤波效果　　　　　　　　　　　　(d) 5×5滤波效果

图 1-18　中值滤波

2) 双边滤波器

均值滤波器、中值滤波器和高斯滤波器等认为图像像素在空域变化缓慢（如图像中的平滑区域），但是在一定的区域会有突变的情况出现（如图像的边缘区域），因此上述假设不再成立。如果在边缘区域也采用均值滤波器、中值滤波器和高斯滤波器进行处理，那么得到的结果必然导致边缘模糊。

这些滤波器只考虑了像素间空间位置上的关系，因此滤波的结果会丢失边缘信息。而边缘像素点的取值差别很大，使用其加权时权重具有很大的差异，所以应该只考虑边缘像素点所属一边的邻域。双边滤波器基于此思想，除了空域权重，增加了一个和图像亮度有关的值域权重，使得双边滤波器在去噪的同时可以保留图像的边界和细节。所以，"双边"的两个边一个是"空域边"，另一个是"值域边"。双边滤波器是一种非线性滤波器，可以使空间平均但不会因此而平滑图像纹理边缘（可以理解为一种保边滤波器），现已被公认为是一种有效的图像降噪方法。

双边滤波器可以看成两个二维滤波器，包含一个空域核和一个值域核，两个核都是高斯函数，如式(1-20)所示：

$$w(i,j,k,l) = \exp\left(-\frac{(i-k)^2+(j-l)^2}{2\sigma_s^2}\right)\exp\left(-\frac{I(i,j)-I(k,l)^2}{2\sigma_r^2}\right) \quad (1\text{-}20)$$

前面是空域权重，后面是值域权重，值域权重由中心点和周围像素的相似程度决定。在平坦区域，由于中心点和周围像素亮度值接近，所以窗口内值域权重接近于1，此时空域权重起主导作用，滤波效果近似于高斯平滑。而在有边界的区域，由于中心点和部分周围像素差距比较大，差距大的这部分权重被抑制，只使用和边界相似部分的权重，因此滤波后边界被保留了下来，如图1-19所示。

(a) 原始图像

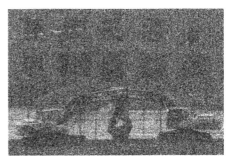
(b) 噪声图像

(c) 3×3滤波效果

(d) 5×5滤波效果

图 1-19　双边滤波

1.3.2　图像频域去噪算法

在频域中，图像的噪声通常表现为高频成分，而信号则包含在低频部分。频域去噪方法的基本思想是滤除高频部分，保留图像的主要信息，使图像恢复得更加清晰[4,5]。

1. 理想低通滤波

理想低通滤波是一种基本的频域去噪方法，其设计简单，易于理解和实现。它的核心原理是通过截止频率，将高频成分滤除，从而达到去除图像中高频噪声的目的。

一个理想的二维低通滤波器的传递函数为

$$H(u,v) = \begin{cases} 1, & D(u,v) \leqslant D_0 \\ 0, & D(u,v) > D_0 \end{cases} \tag{1-21}$$

理想低通滤波器的滤波特性是一个圆形区域，称为截止频率。该截止频率决定了滤波器的频率截止点，截止频率之外的所有频率都将被滤除。换句话说，理想低通滤波器会保留图像中所有低于截止频率的频率成分，而滤除高于截止频率的频率成分。这个截止频率 D 通常是用户根据具体需求设定的，它决定了滤波器的平滑程度和去噪效果。理想低通滤波器和高通滤波器滤波效果和响应曲线如图 1-20 所示。

虽然理想低通滤波器具有简单和直观的优点，但它也存在一些问题。频率截止是在频域中进行的，这会导致在空域中产生振铃现象。振铃现象在二维图像上表现为一系列同心圆环，圆环半径反比于截止频率。理想低通滤波器在去除高频噪声的同时，会引入一些额外的振铃现象，导致图像的细节信息被模糊化。特别是在图像中存在边缘和纹理等高频细节时，理想低通滤波器的模糊效果会更为明显。

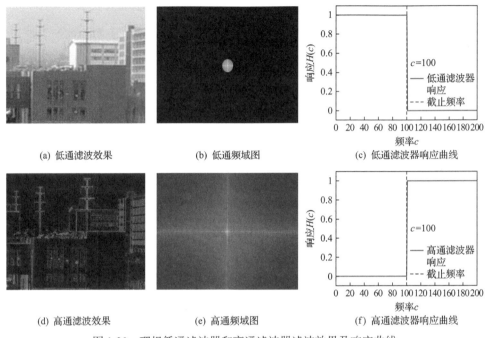

(a) 低通滤波效果　　　　　(b) 低通频域图　　　　　(c) 低通滤波器响应曲线

(d) 高通滤波效果　　　　　(e) 高通频域图　　　　　(f) 高通滤波器响应曲线

图 1-20　理想低通滤波器和高通滤波器滤波效果及响应曲线

由于图像的频域表示需要进行离散化，频域采样会引入一些额外的误差，理想低通滤波器在实际应用中也可能产生一些误差。这些误差在进行频域截止时可能会对滤波器的效果产生影响。

为了克服理想低通滤波器的局限性，后续提出了其他更复杂的频域滤波方法，如巴特沃思低通滤波和指数低通滤波等。这些方法在设计时考虑了更平滑的频率过渡和更好的细节保留，能够在一定程度上改善理想低通滤波器的缺点。

2. 巴特沃思低通滤波

巴特沃思低通滤波器是对理想低通滤波器的改进和优化，它采用了一种特殊的频率响应函数，能够在截止频率附近实现平滑的过渡带。这意味着在巴特沃思低通滤波器的频率特性中，截止频率附近的频率成分不会被截止得那么突然和剧烈，从而减弱了理想低通滤波器在空域中产生的振铃现象。

一个 n 阶巴特沃思低通滤波器的传递函数为

$$H(u,v) = \frac{1}{1 + \left(\dfrac{D(u,v)}{D_0}\right)^{2n}} \tag{1-22}$$

其中，D 为截止频率。巴特沃思低通滤波器的频率响应函数是一个幅度递减的函数，它具有多个波动的波谷和波峰。这种特殊的频率响应函数使滤波器在截止频率附近能够实现平滑的过渡，而不会对低频成分和高频成分产生剧烈的干扰。这就意味着在巴特沃思低通滤波器的滤波过程中，图像的细节信息得到了更好的保留，而高频噪声则被有效地去除。

由于巴特沃思低通滤波器在频率截止处的平滑过渡，它在图像去噪中表现出更为自然的效果。相比于理想低通滤波器，在去除高频噪声的同时，巴特沃思低通滤波器能够更好地保持图像的细节和纹理信息，使图像看起来更加清晰和真实。

然而，巴特沃思低通滤波器也并非完美无缺。由于它的频率响应函数的特殊形式，计算和实现相对于理想低通滤波器会更加复杂一些。此外，在选择巴特沃思低通滤波器的设计参数时，需要根据具体应用场景和图像特点进行合理的调整，以获得最佳的去噪效果。巴特沃思低通滤波器和高通滤波器滤波效果及响应曲线如图 1-21 所示。

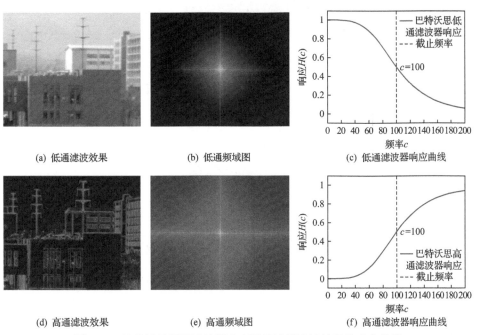

(a) 低通滤波效果　　(b) 低通频域图　　(c) 低通滤波器响应曲线

(d) 高通滤波效果　　(e) 高通频域图　　(f) 高通滤波器响应曲线

图 1-21　巴特沃思低通滤波器和高通滤波器滤波效果及响应曲线

3. 指数低通滤波

指数低通滤波器的主要特点是通过指数函数来调整频率响应，从而实现频率的衰减和平滑过渡。这种滤波器相较于理想低通滤波器和巴特沃思低通滤波器，在滤波效果和图像质量方面都有独特的优势。

指数低通滤波器的响应函数为

$$H(u,v) = e^{-0.374\left(\frac{D(u,v)}{D_0}\right)^n} \tag{1-23}$$

指数低通滤波器的频率响应函数采用了指数函数形式，其幅度递减得比较平缓，这使得在截止频率附近实现了更平滑的过渡带。由于指数函数的特性，滤波器在频域上能够更好地适应不同频率成分，从而在滤除高频噪声的同时，能够更好地保持图像的细节信息。指数低通滤波器和指数高通滤波器滤波效果及响应曲线如图 1-22 所示。

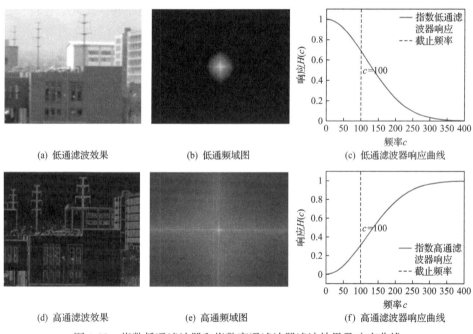

(a) 低通滤波效果　　　　(b) 低通频域图　　　　(c) 低通滤波器响应曲线

(d) 高通滤波效果　　　　(e) 高通频域图　　　　(f) 高通滤波器响应曲线

图 1-22　指数低通滤波器和指数高通滤波器滤波效果及响应曲线

相比于其他频域滤波器，指数低通滤波器在去除噪声的同时，对图像的模糊程度较小，使图像的清晰度和质量得到进一步提升。另一个重要的优势是，指数低通滤波器能够有效避免振铃现象。振铃现象是在理想低通滤波器中出现的一种副作用，会导致图像出现明显的环状伪影，影响图像质量。而指数低通滤波器通过频率响应的平滑过渡，较好地抑制了振铃现象的产生，使滤波后的图像更加真实自然。

1.4 图像超分辨重建技术

图像超分辨重建(super resolution reconstruction，SRR)是指利用计算机将一幅低分辨率(low resolution，LR)图像或图像序列进行处理，恢复出高分辨率(high resolution，HR)图像。高分辨率图像具有高像素密度，可以提供更多的细节，这些细节往往在应用中起到关键作用。研究低分辨率图像重建实现高质量、高细节、高清晰度图像的超分辨重建技术已成为计算机视觉图像处理领域的研究热点。基于此，本节将对图像的超分辨重建技术进行介绍。

1.4.1 图像降采样模型

根据重建对象的不同，超分辨重建可分为单帧图像超分辨重建、多帧图像超分辨重建和视频超分辨重建。多帧图像超分辨重建及视频超分辨重建大多在单帧图像超分辨重建技术基础上可以实现，所以现在单帧图像超分辨重建成为研究重点。图像超分辨重建是对图像自然退化过程的逆向建模，所以准确的退化模型是超分辨重建性能的重要保证。一般情况，在进行图像采集时，容易受到来自大气扰动、相机光学模糊以及相机畸变等诸多因素的影响，完全精确的退化模型难以得到，因此采集到的退化图像可以表示为

$$Y = \varphi(x, \theta) \tag{1-24}$$

其中，Y 为采集到的低分辨率图像；x 为原始的高分辨率图像；θ 为退化函数的参数；$\varphi(\cdot)$ 为退化函数。

根据图像退化模型，重建高分辨率图像可表示为

$$\hat{X} = \tilde{\varphi}(y, \hat{\theta}) \tag{1-25}$$

其中，$\hat{X}$ 为重建的高分辨率图像；$\tilde{\varphi}(\cdot)$ 为退化函数的逆函数，表示超分辨重构模型；$\hat{\theta}$ 为重构模型的参数。由于受到环境噪声以及系统噪声的干扰，图像退化过程中掺杂着各种复杂的噪声甚至运动造成的模糊。因此，退化模型就进化为由乘性噪声和加性噪声影响的模型：

$$Y = (x * c)\downarrow_d + n \qquad (1\text{-}26)$$

其中，c 为模糊核；$x * c$ 为高分辨率图像与模糊核的卷积，代表乘性噪声；$\downarrow_d$ 代表下采样；n 为带入的加性噪声。

由于超分辨重建是个病态求逆问题，恢复的图像维度通常是大于原始图像尺寸的。因此，可使用先验信息来约束重构过程、保证重构的准确性。最常用的先验信息就是正则约束项，并引入惩罚项 $\lambda k(\theta)$，通过高分辨率和低分辨率图像学习超分辨模型参数 θ，即

$$\hat{\Theta} = \arg\min |(x - \hat{x}) + \lambda k(\theta)| \qquad (1\text{-}27)$$

其中，λ 为惩罚因子；$\hat{\Theta}$ 为重构高分辨率图像时的超分辨模型参数。以上研究并分析了图像超分辨重构模型，为后续图像超分辨重建算法研究奠定了理论基础。

1.4.2　超分辨重建数学模型

成像系统的极限衍射频率是影响数字图像分辨率的主要因素，因此研究光学的学者最先提出了图像超分辨重建的概念。1964 年，Harris 利用解析延拓理论证明空间有限的两个物体图像不可能完全相同，指出图像超分辨重建技术的可行性，奠定了该技术的数学基础。在此基础上，他也是最早将图像超分辨重建技术应用到图像处理领域的人，所提出的频谱外推法具有较好的图像超分辨重建效果。

观测系统的成像过程可以表示为

$$g(x) = f(x) * h(x) \qquad (1\text{-}28)$$

其中，x 为图像的一个像素；$g(x)$ 为原始场景经过观测系统之后得到的观测图像；$f(x)$ 为待成像的原始场景；$h(x)$ 为点扩散函数；$f(x) * h(x)$ 为 $f(x)$ 与 $h(x)$ 的卷积。

对式(1-28)做连续傅里叶变换(continuous Fourier transform，CFT)可以得到

$$G(u) = F(u)H(u) \qquad (1\text{-}29)$$

其中，$G(u)$、$F(u)$ 和 $H(u)$ 分别为 $g(x)$、$f(x)$ 和 $h(x)$ 的连续傅里叶变换结果。从理论上讲，对截止频率之外的数据进行重建是不可能的，但实际应用过程中可以对 $F(u)$ 进行估计以重建数据，这些方法主要基于以下四个理论。

1. 解析延拓理论

假设 $f(x)$ 为一个有界函数，则其连续傅里叶变换函数 $F(u)$ 是一个解析函数。对任意解析函数 $f(x)$，若该函数在某区间上已知，那么这个解析函数本身也是已知的。换言之，若两解析函数在给定的区间上一致，则这两个解析函数也是一致的。由于图像是一种有界信号，其频谱 $f(x)$ 为解析函数，因此可以使用截止频率以下的部分来恢复截止频率以上的部分，这是图像超分辨重建赖以存在的基础。

2. 信息叠加理论

令 $f(x)$ 表示一个图像信号，它满足的条件为

$$\begin{cases} f(x) > 0, & x \in M \\ f(x) = 0, & x \notin M \end{cases} \tag{1-30}$$

其中，M 为图像大小。该式的另一种表示方式为

$$f(x) = \text{rect}\left(\frac{x}{M}\right) \tag{1-31}$$

令 $F(u)$ 表示 $f(x)$ 的频谱，按截止频率将其分为低频分量 $F_a(u)$ 和高频分量 $F_b(u)$，取傅里叶变换可以得到

$$F(u) = \left(F_a(u) + F_b(u)\right) * \text{sinc}(Mx) \tag{1-32}$$

由式 (1-32) 可以看出，因为 sinc(·) 函数是无限的，所以通过卷积运算可以将 $F_b(u)$ 叠加到 $F_a(u)$ 上。换言之，有界受限物体的低频分量 $F_a(u)$ 中不仅含有图像低频信息，也包括图像高频信息，因此图像超分辨重建可以看成分离图像低频信息与高频信息的过程。

3. 非线性操作

实际应用中任何成像过程都会受到噪声的影响，这里将噪声表示为 $n(x)$，则成像过程可表示为

$$g(x) = f(x) * h(x) + n(x) \tag{1-33}$$

求解 $f(x)$ 的过程中噪声带来的影响会破坏式 (1-33) 的非负性，同时点扩散

函数 $h(x)$ 会破坏式(1-33)的有界性。所以图像重建过程中需要施加非负的数字截止和空间截止两个约束附加高频成分，之后对其进行调整就可以得到图像的超分辨重建结果。

4. 重建能力

对于一幅退化图像，人们关心的是有多少损失的信息能使用超分辨重建技术进行恢复。把传感器固有的噪声近似看成加性噪声，然后对其取傅里叶变换可以得到

$$G(u) = H(u)\big(F_a(u) + F_b(u)\big) * \mathrm{sinc}(Mx) + N(u) \tag{1-34}$$

重建能力是指在有噪声影响的情况下，可以被重建出的高频信息的数量，不同超分辨重建算法的重建能力也不相同。有学者提出用于估算超分辨重建能力的表达式为

$$f_p = \frac{3}{4\pi M}\left(\mathrm{sinc}^{-1}(K) - \mathrm{sinc}^{-1}\left(\frac{KT}{\sigma_n}\right)\right) \tag{1-35}$$

其中，f_p 为超过截止频率时可以重建的范围；M 为物体大小；T 为允许的误差；K 为预设常数；σ_n 为噪声标准差。

在获取图像的过程中，大气干扰、相对运动、聚焦和硬件分辨率等因素会引起图像模糊，产生噪声进而降低图像质量。同时，任何成像系统都不可避免地存在系统误差和随机误差等成像误差，例如，成像的点扩散函数(point spread function，PSF)的形状不确定由系统误差造成，而成像的不完全重现由随机误差造成。为建立原始图像和观测图像之间的退化模型，研究者提出了大量的图像超分辨数学模型，其中主要可以分为静态图像模型和动态图像模型两类。

1) 静态图像模型

静态图像模型可以应用于单幅图像或图像序列分辨率增强。该过程假设获取的低分辨率图像是期望获取的高分辨率图像受一系列变形、加性噪声影响得到的，具体流程如图 1-23 所示，由此可将观测模型表示为

$$y_k = W_k x + n_k = F_k B_k D x + n_k, \quad 1 \leqslant k \leqslant m \tag{1-36}$$

其中，y_k 为第 k 个低分辨率图像的列向量(若为单幅图像，则为输入图像)；x 为期望获取的高分辨率图像的列向量，该列向量是从连续场景中采样获得的，

其采样率大于等于奈奎斯特(Nyquist)采样频率,并且列向量具有有限带宽;W_k 为变形矩阵,由 F_k、B_k、D 三部分组成。其中,F_k 为几何变换矩阵,包含图像的平移、旋转等几何变换过程;B_k 为模糊矩阵,构建超分辨率图像的过程中通常假定模糊原因已知,在构建超分辨率图像时会将恢复模糊图像考虑在内;D 为下采样矩阵,使高分辨率图像经过几何变换、模糊产生具有混叠信息的低分辨率图像;n_k 为观测过程中的噪声矢量。通过计算图像的变形矩阵与噪声矢量,对低分辨率图像进行反向处理,便可得到期望获取的高分辨率图像 x。

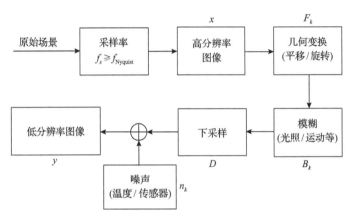

图 1-23　静态图像观测模型流程图

2) 动态图像模型

动态图像模型可以看成静态图像模型的扩展,其模型大体可分为两类:基于空间的超分辨模型与基于时间的超分辨模型。其中,基于空间的超分辨模型使用空间信息重构图像细节信息,这类模型的精度受成像设备光学传感器分辨率与图像清晰度的影响;基于时间的超分辨模型会利用视频图像序列的多幅图像重构图像细节信息,模型精度受成像设备帧率与曝光时间的影响。不论是基于空间还是基于时间的超分辨模型,其超分辨率图像的重构过程都可以分为图像模型构建与序列模型构建两个过程。其中,图像模型构建与静态图像模型类似,其模型为

$$y(t) = D(t)B(t)x(t) + n(t) \tag{1-37}$$

其中,$y(t)$ 与 $x(t)$ 分别为 t 时刻低分辨率图像与超分辨率图像的列向量;$D(t)$ 为 t 时刻的下采样矩阵;$B(t)$ 为 t 时刻的模糊矩阵;$n(t)$ 为零均值高斯白噪声。图像模型构建完成后,需要构建图像的序列模型:

$$x(t) = F(t)x(t-1) + s(t) \tag{1-38}$$

其中，$F(t)$ 为几何变换矩阵，用来描述图像由 $x(t-1)$ 时刻到 $x(t)$ 时刻之间的相对位移；$s(t)$ 为边界效应、光照等干扰对图像带来的影响。由于连续拍摄的图像之间存在相似的互补信息，所以通常情况下使用多幅图像进行超分辨重建得到的结果要优于使用单幅图像进行超分辨重建得到的结果。

静态图像模型与动态图像模型本质上都是超分辨率图像到低分辨率图像的映射过程。不同的是，静态图像模型作为超分辨重建的基础，更注重使用图像本身的信息获取最优估计结果；动态图像模型更注重于如何利用运动过程中前一幅图像的内容对当前图像进行信息补充。由于大部分图像超分辨重建任务都只面对单幅图像进行处理，并且缺少低分辨率图像以外的其他信息，所以目前的大多数图像超分辨重建方法均以静态图像模型为基础构建。

1.4.3　基于插值的图像超分辨重建方法

基于插值的超分辨重建技术主要使用图像缩放、空间变换等操作填充像素值。基于插值的图像超分辨重建方法通过在源图像和目标图像之间建立映射关系，使两者像素坐标值一一对应以确定目标图像的像素值，由此可将超分辨重建技术转化为如何将源图像像素映射到分辨率更高的目标图像的问题。然而，映射时源图像的像素不能直接映射到目标图像的相同位置，并且目标图像的大多数位置并没有可以直接映射的对应像素，需要进行额外赋值。为解决该问题，需要进一步将映射关系的建立问题转化为如何将多个输出值合并为一个输出值的问题，以及如何为目标图像中没有映射到的像素赋值的问题。同时图像的像素坐标必须以整数值表示，而映射过程中求得的部分像素坐标会产生浮点数。为解决以上问题，通常采用基于插值的图像超分辨重建方法构建超分辨率图像，常见的基于插值的图像超分辨重建方法有最近邻插值法、双线性插值法和双三次插值法。

1. 最近邻插值法

最近邻插值(nearest neighbor interpolation，NNI)法在获取超分辨率图像时会将距离最近的像素灰度值赋给待插值像素点。如图 1-24 所示，设 P 为超分辨率图像上的像素点，则使用最近邻插值法计算该点的像素值时，将该点像素值设为距其最近的像素点 Q_{11} 的值。最近邻插值法是最简单的图像超分辨重建算法，然而其精度极差，块效应明显，细节还原差，会造成灰度不连续，因此目前该方法很少得到实际应用。

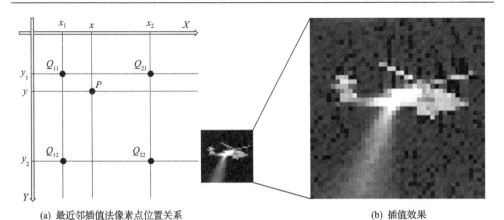

(a) 最近邻插值法像素点位置关系　　　　　　　　　　　　(b) 插值效果

图 1-24　最近邻插值法像素点位置关系与插值效果

2. 双线性插值法

双线性插值是将线性插值扩展至两个变量，其基本原理是在水平和垂直两个方向各进行一次线性插值操作。该方法充分利用了源图像中虚拟点周围的像素值来共同决定目标图像中的像素坐标，虽然插值计算过程是非线性的，但胜在计算成本较低。插值过程(图 1-25)首先需要确定距离待插值像素点位置最近的 4 个像素点，然后计算待插值像素点与这 4 个像素点的距离，以确定这 4 个像素点所占的权重，与待插值像素点距离越近则其影响越显著，对应的权值也就越大，待插值像素点的灰度值就是最近 4 个像素点灰度值的加权平均值。令 (x_k, y_k)、(x_{k+1}, y_k)、(x_k, y_{k+1})、(x_{k+1}, y_{k+1}) 表示距离插值点 (x, y) 最近的 4 个点，值分别为 I_1、I_2、I_3、I_4，对 x 方向与 y 方向分别进行插值便可以得到插值后的图像，这里以先 x 方向、后 y 方向的顺序举例，对双线性插值法进行说明。

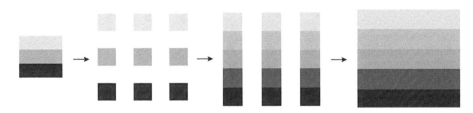

图 1-25　双线性插值法插值过程

首先，算法需要在 x 方向进行两次插值，得到 x 方向的两个插值 (x_{k+1}, y_k) 结果 I_{r1}、I_{r2}：

$$I_{r1} = \frac{x_{k+1} - x}{x_{k+1} - x_k} I_1 + \frac{x - x_k}{x_{k+1} - x_k} I_2 \tag{1-39}$$

$$I_{r2} = \frac{x_{k+1}-x}{x_{k+1}-x_k}I_3 + \frac{x-x_k}{x_{k+1}-x_k}I_4 \tag{1-40}$$

然后，利用得到的插值结果计算 y 方向的插值结果，即点 (x,y) 的值 I：

$$I = \frac{y_{k+1}-y}{y_{k+1}-y_k}I_{r1} + \frac{y-y_k}{y_{k+1}-y_k}I_{r2} \tag{1-41}$$

将式(1-41)化简可得

$$\begin{aligned} I = \Big[&I_1\big(x_{k+1}-x\big)\big(y_{k+1}-y\big) + I_2\big(x-x_k\big)\big(y_{k+1}-y\big) + I_3\big(x_{k+1}-x\big)\big(y-y_k\big) \\ &+ I_4\big(x-x_k\big)\big(y-y_k\big)\Big]\Big/\Big[\big(x_{k+1}-x_k\big)\big(y_{k+1}-y_k\big)\Big] \end{aligned} \tag{1-42}$$

3. 双三次插值法

双三次插值法的原理就是找到目标图像与源图像中相对应的像素，将源图像距离该像素最近的 16 个像素坐标作为计算目标图像像素值的相关参数，再利用双三次插值的基函数求出 16 个像素坐标的权重，最后将 16 个像素的加权和赋值给目标图像的像素值。双三次插值法能更优地计算出未知像素坐标，并可以改善图像失真，并且由于双三次插值函数非常接近理想的滤波函数，因此重建后的图像基本没有边缘锯齿和马赛克效应，视觉效果较好。

令插值前的图像为 P_a、插值后的图像为 P_b，则 16 个像素中的点 (x,y) 对应于 P_a 中的点 $(i+u, j+v)$，其中，i 和 j 为整数，u 和 v 为小数，如图 1-26 所示，黑色实心方块为 P_b 中的点 (x,y)；黑色实心方块周围的空心方块为 P_a 中距离点

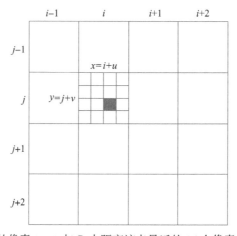

图 1-26　P_b 中的像素 (x,y) 与 P_a 中距离该点最近的 16 个像素的坐标对应关系

(x, y) 最近的 16 个像素。为获取插值图像，需要构建一个三次函数，利用这 16
个像素点与 P_b 中插值点之间的相对距离 s 计算各近邻点权值：

$$W(x) = \begin{cases} (a+2)|s|^3 - (a+3)|s|^2 + 1, & |s| \leqslant 1 \\ a|s|^3 - 5a|s|^2 + 8a|s| - 4a, & 1 < |s| \leqslant 2 \\ 0, & \text{其他} \end{cases} \tag{1-43}$$

其中，$|s|$ 为点 (x, y) 与 P_a 中各点在 x 或 y 方向的距离；a 为参数，通常取 -0.5。
以图 1-26 为例，左上角的点 $A(i-1, j-1)$ 到点 (x, y) 的距离为 $(1+u, 1+v)$，则该
点的横坐标权重为 $W(1+u)$，纵坐标权重为 $W(1+v)$。由此便可得到所有点的横
纵坐标权重与 P_b 中点 (x, y) 的插值结果 I：

$$\sum_{i=0}^{3} \sum_{j=0}^{3} A(i, j) W_i W_j \tag{1-44}$$

其中，$A(0, 0)$ 为图 1-26 中左上角的点，W_i、W_j 分别为该点横纵坐标的权重。
除了以上几种常见的插值方法，还有许多不同的插值方法如边缘引导内插值
法、梯度引导内插值法等。然而，插值方法并没有考虑待插值图像的局部特性，
只是简单地利用待插值像素点邻近的有限多个像素点信息进行图像重构，因此
使用多项式图像插值算法的重建图像往往存在斑块效应、模糊效应、振铃效应
和混叠效应等情况，降低了重建后的图像质量。

1.4.4　基于重构的图像超分辨重建方法

基于重构的图像超分辨重建方法的主要思想是添加先验约束，对成像过程
中图像质量降低过程进行建模，然后利用信号处理技术对该过程求逆(表现为
去噪、去模糊、上采样等)，以利用低分辨率图像中的非冗余信息恢复出丢失
的高频信息，获得高分辨率图像。根据操作空间的不同，基于重构图像超分辨
重建的代表性方法有凸集投影法、最大后验概率估计、迭代反投影法等。

1. 凸集投影法

凸集投影(projection onto convex set，POCS)法的相关理论最初于 1982 年
由 Youla 等用于图像复原，于 1989 年由 Stark 等将其应用于图像超分辨重建过
程。该理论是在集合理论的基础上提出的，其原理是将图像所有先验信息(如
光滑、有界等)的约束条件转化为若干凸集 $C_1, C_2, \cdots, C_m$，如果约束凸集的交集

非空，那么超分辨重建问题的解在凸集的交集 $C_s = \bigcup\limits_{j=1}^{m} C_j$ 中，并且可以利用交集信息重建清晰的高分辨率图像。凸集投影是一个循环过程，在高分辨率图像的解空间中选择任意初值，然后通过迭代的方法寻找能符合上述约束凸集条件的收敛解为

$$x_{t+1} = P_m P_{m-1} \cdots P_1 x \tag{1-45}$$

其中，x_{t+1} 为当前迭代获得的高分辨率图像；P_m 为投影算子，与约束凸集 C_m 对应，将解投影到约束凸集上。凸集投影算法简单直观，可以充分利用先验知识构建超分辨率图像。但是该方法存在计算复杂、收敛速度慢、解不唯一、解与初始值有关等缺点，使得该方法没有得到广泛的应用与发展。

2. 最大后验概率估计

最大后验(maximum a posterior，MAP)概率估计将概率论应用于图像超分辨重建领域，将待重建的高分辨率图像视为已获得低分辨率图像的最大后验概率。最大后验概率估计方法利用贝叶斯理论寻找高分辨率图像 x 的估计值 x^*，使后验条件概率 $p(x^* | y)$ 最大，表示已知低分辨率图像的情况下高分辨率图像 f 的最大可能，称为 f 的最大后验概率估计：

$$x^* = \arg\max_x p(x|y) = \arg\max_x \big((p(y|x)p(x)) / p(y) \big) \tag{1-46}$$

其中，y 为原始低分辨率图像。对式(1-46)取对数，可得 x 的最大后验概率估计 x^* 为

$$x^* = \arg\max_x \ln p(x|y) = \arg\max_x \big(\ln p(y|x) + \ln p(x) - \ln p(y) \big) \tag{1-47}$$

其中，y 为原始低分辨率图像，因此 $p(y) = 1$。进一步简化式(1-47)可得

$$x^* = \arg\max_x \big(\ln p(y|x) + \ln p(x) \big) \tag{1-48}$$

最大后验概率估计的关键在于如何构建合适的图像先验模型 $p(x)$，将图像先验模型以正则约束项的形式加入式(1-46)中，将超分辨重建问题转化为随机正则化问题求解。最大后验概率估计通过引入先验信息，为图像重建过程增加约束条件，得到了较好的超分辨重建效果。但最大后验概率估计存在处理速度慢、收敛不理想等问题，对图像超分辨重建产生了影响。

3. 迭代反投影法

迭代反投影（iterative back projection，IBP）法利用图像配准和运动估计的方法模拟低分辨率图像，通过比较模拟的低分辨率图像和原始图像之间的差异投射出相对清晰的高分辨率图像，如图 1-27 所示。以 x_t 表示所求的高分辨率图像，y 表示输入的原始图像，y_t 表示通过原始图像与图像观测模型获取的低分辨率图像，则所求的高分辨率图像与输入原始图像之间的重建误差 $e(x_t)$ 可以表示为

$$e(x_t) = y - y_t = y - DHx_t \tag{1-49}$$

其中，D 和 H 分别为观测模型中的模糊矩阵和下采样矩阵。

然后利用重建误差 $e(x_t)$ 对当前的估计值进行修正，获得新的高分辨率图像 x_{t+1}：

$$x_{t+1} = x_t + WUe(x_t) \tag{1-50}$$

其中，U 为上采样矩阵；W 为反投影算子矩阵，可以控制收敛速度。迭代直到 $\|x_{t+1} - x_t\|$ 小于给定值或迭代次数达到上限，即可得到算法输出的高分辨率图像。尽管该方法考虑到线阵列传感器的分辨率高于光学系统的分辨率极限，但没有考虑噪声对图像带来的影响，因此该方法对高频噪声较为敏感。

(a) 低分辨率图像　　　　　　　　　(b) 迭代反投影后图像

图 1-27　迭代反投影法超分辨重建效果

1.5　图　像　融　合

图像融合是计算机视觉和图像处理的重要部分,可以结合同一场景下不同传感器采集的图像信息,实现多源图像之间的互补信息融合,生成的融合图像内容信息丰富且分辨率高,对场景的描述更加准确全面,可以为后续任务如目标识别、检测及分类等提供支持。图像融合是用特定的算法将两幅或多幅图像综合成一幅新的图像,融合结果由于能利用两幅(或多幅)图像在时空上的相关性及信息上的互补性,并使得融合后的图像对场景有更全面、清晰的描述,更有利于人眼的识别和机器的自动探测。

图像融合大致可分为像素级融合、特征级融合和决策级融合三类。像素级融合是目前最常用的融合方法。可见光图像分为灰度图像(单通道)和彩色图像(三通道)。多波段图像融合算法分为基于灰度图像和红外图像的融合和基于彩色可见光图像和红外图像的融合。本节将灰度图像和彩色图像分别与红外图像融合展开介绍。灰度图像和红外图像融合基本算法为基于空域的灰度线性直接融合和多尺度分解(multi-scale decomposition,MSD)融合。彩色图像和红外图像融合基本算法又分为颜色迁移融合方法和分区域融合方法。

1.5.1　跨模态图像融合算法

跨模态图像融合是指将来自不同传感器或模态的图像数据融合在一起,以获得更全面、准确和丰富的视觉信息的过程。跨模态图像融合的目标是将不同模态图像的互补信息结合起来,以产生具有更高质量、更多细节和更多上下文信息的融合图像[6]。这些不同模态的图像可以是来自不同光谱波段的图像,如红外图像、可见光图像和紫外图像,也可以是来自不同成像技术的图像,如热成像、超声成像和CT图像。

跨模态图像融合的范围涉及多个方面。首先,它包括对不同模态图像进行预处理和配准,以消除图像之间的几何和亮度差异,以便更好地进行后续融合操作。其次,跨模态图像融合涉及特征提取和匹配的过程,旨在从每个模态的图像中提取出有意义的信息并进行匹配,以建立不同模态之间的关联。最后,跨模态图像融合还涉及融合规则和算法的设计,以将不同模态图像的信息进行有效的融合,生成最终的融合图像。

1. 不同模态图像的特点

不同模态图像具有各自独特的特点和应用领域。通过跨模态图像融合，可以将这些不同模态的图像信息相结合，获得更全面、准确和丰富的视觉信息，从而推动相关领域的发展和应用。

1) 可见光图像

可见光图像是通过可见光传感器捕捉光波反射或透射的图像。它具有丰富的形态和颜色信息，能够提供目标的形态、纹理和颜色等细节，对于物体识别和场景理解至关重要。此外，可见光图像具有良好的环境适应性，适用于各种自然和室内环境，广泛应用于日常生活中的图像捕捉和处理。在计算机视觉领域，可见光图像是最常用的数据，用于目标检测、图像分类和人脸识别等任务。在自动驾驶和机器人导航领域，可见光图像主要用于障碍物检测和场景感知，确保安全行驶。在文化遗产与艺术领域，可见光图像用于数字化记录艺术品、文物保护和博物馆展示，保留历史价值。

2) 红外图像

红外图像是通过红外传感器捕捉目标发射的热辐射而生成的图像。与可见光图像相比，红外图像具有独特的特点和应用领域。红外图像具有温度信息获取的能力，能够反映物体的热分布和温度差异，提供了可见光图像无法捕捉到的额外信息。通过红外图像，可以检测设备的故障，评估建筑的能量效率以及进行医学上的热诊断等。红外图像还具有光透过能力，可以透过一些可见光无法穿透的材料，如烟雾、雾气和一些透明塑料，这使得红外图像在安防与监测领域具有广泛应用，如夜间监控、隐蔽监测和防止入侵等。

3) 高光谱图像

高光谱图像是通过采集物体在多个连续光谱波段上的反射或辐射信息生成的图像，具有多波段信息、高光谱分辨率、数据丰富性和光谱信息的关联性等特点。它能提供详细的光谱信息，包括物体的化学成分、材料特性和光谱反射率等[7,8]。在农业、环境监测、地质勘探、城市规划和医学成像等领域，高光谱图像有广泛应用。在农业中，它用于作物的评估、病虫害检测和土壤分析。在环境监测中，它可检测大气污染物、水体质量和植被状况。此外，高光谱图像在地质勘探、矿产资源调查、城市规划和气候变化研究方面也起着重要作用。高光谱图像的多波段数据和光谱信息使其成为许多领域中准确分析和全面理解物体特性的重要工具[9]。

表 1-1 简要总结了各模态图像的特点及其应用领域。

表 1-1　不同模态图像的特点与应用领域

模态	特点	应用领域
可见光图像	(1)形态和颜色信息：可见光图像能够提供目标的形态、纹理和颜色等信息。 (2)环境适应性：可见光图像对于大部分自然和室内环境具有良好适应性	(1)计算机视觉：应用包括目标检测、图像分类、人脸识别和行为分析等。 (2)自动驾驶与机器人导航：用于障碍物检测、道路标识识别和场景感知等。 (3)文化遗产与艺术：用于艺术品的数字化记录、文物保护和博物馆展览等
红外图像	(1)热能感知：可以提供目标的热能分布信息，对于检测和识别具有热能特征的目标非常有效。 (2)光照无关：不受光照的影响，能够提供更可靠的目标检测和识别结果。 (3)隐蔽性：可以穿透某些物体，如烟雾、雾霾或薄雪等，具有一定的隐蔽性	(1)军事与安防：可用于夜视设备、目标探测、热成像导弹和无人机等。 (2)工业与建筑：可用于热力检测、电力设备故障诊断、建筑结构检测和能源损耗分析等。 (3)医学：可用于体温测量、乳腺癌早期筛查和皮肤病诊断等医学应用
高光谱图像	(1)多波段信息：高光谱图像拥有连续的波段信息。 (2)高光谱分辨率：高光谱图像通常具有较高的空间分辨率。 (3)数据丰富性：每个像素点都包含了多个光谱波段的数据。 (4)光谱信息的关联性：相邻波段之间存在一定的相关性	(1)农业与环境监测：可用于作物生长监测、土壤质量评估、水质监测以及植被覆盖分析等。 (2)地质勘探与矿产资源：可用于岩矿物的识别和地质构造的分析。 (3)遥感与地理信息系统：可用于土地利用分类、植被覆盖变化监测、城市扩张监测等。 (4)医学与生物科学：可用于癌症早期检测、组织病变分析和药物研发等。 (5)遥感影像解译与情报分析：可用于军事侦察、情报分析、自然灾害监测等

综上所述，不同模态图像的特点和应用领域的广泛性使跨模态图像融合成为一项具有重要意义的研究领域，并为多个领域的图像处理和分析任务提供了有力支持。不同模态的融合图像包含更全面、更丰富的信息，为医学影像、安防监控、环境监测、航空航天以及计算机视觉和图像处理等领域提供了强大的支持，为解决现实世界的问题和挑战提供了新的解决方案。

2. 跨模态图像融合的挑战与难点

跨模态图像融合是一个复杂而具有挑战性的任务。不同模态的图像在物理特性、采集方式和信息表达等方面存在显著差异，如光照条件、分辨率、噪声特性等。这些差异增加了图像融合的难度，需要对模态间的差异进行建模和处理，确保融合图像的一致性和质量。另外，不同模态的图像可能存在几何和形变差异，需要进行精确的配准才能将它们对齐。图像配准是一个具有挑战性的工作，因为存在视角变化、畸变等因素[10]。由于模态间的差异，传统的特征提取和匹配方法可能不适用，因此需要开发新的特征表示和匹配算法。确定融合规则和设计有效的融合算法是另一个关键的挑战，融合算法需要综合考虑模态权重、特征可靠性、局部和全局一致性等因素。此外，跨模态图像融合还面临数据稀缺性、评估和验证的问题。数据稀缺性可能由成本、隐私或技术限制等原因导致，评估和验证则需要定义合适的评估指标，建立有效的评估数据集，并进行客观和准确的结果评估。克服这些挑战需要深入地研究和创新方法，以提高跨模态图像融合的效果和性能。

传统方法主要基于图像处理和数学模型，通过一系列的图像处理步骤来实现跨模态图像的融合，它们包括加权平均法、主成分分析法、小波变换法和图像金字塔法等。虽然传统方法具有一定的局限性，但它们为跨模态图像融合提供了基础和启发，为后续的研究奠定了基础。

1.5.2　灰度图像融合算法

灰度图像融合算法主要包括空域图像融合算法和多尺度图像融合算法。空域图像融合算法指对多波段源图像灰度值直接按一定融合策略叠加处理。

1. 空域图像融合算法

空域图像融合算法直接对各个源图像中对应像素点进行最大、最小、平均或加权平均等处理，生成新图像。加权平均法对多幅图像的对应像素点进行加权处理，属于比较直接的方法，按式(1-51)计算：

$$F(i,j) = \sum_{k=1}^{n} a_k f_k(i,j) \tag{1-51}$$

其中，a_k 为第 k 幅图像对应的权值，且 $\sum_{k=1}^{n} a_k = 1$；F 为融合后的图像；$f_k(k=1,2,\cdots,n)$ 为待融合的源图像。

像素灰度值选大法和选小法表示为

$$\begin{cases} f(x,y) = \max\left\{f_1(x,y),\cdots,f_N(x,y)\right\} \\ f(x,y) = \min\left\{f_1(x,y),\cdots,f_N(x,y)\right\} \end{cases} \tag{1-52}$$

此方法直观、高效，能够较好地保留结果图像的整体效果，但该方法处理较为简单，没有很好地体现源图像的特征，简单叠加运算的融合规则会大幅度降低融合图像的信噪比和对比度，因此适用场景受到一定的限制。图 1-28～

图 1-30 分别为三种融合策略(像素值取大、像素值取小和像素值取平均)的融合图像。

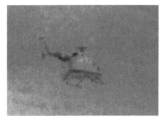

图 1-28　　像素值取大的图像融合

图 1-29　　像素值取小的图像融合

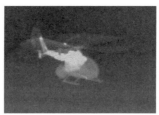

图 1-30　　像素值取平均的图像融合

可以看到，像素值取大的图像直升机偏红外、背景偏可见光，像素值取小直升机偏可见光、背景偏红外，像素值取平均两幅图像特征各取一半。对像素值的直接操作融合是快捷的融合方法，但对灰度值的运算可能会丢失源图像的细节特征。

2. 多尺度图像融合算法

对图像灰度值的直接融合是一种简单快速的融合方法，但会丢失一些高频信息。我们知道，一幅图像中含有高频信息和低频信息，图像灰度值变化剧烈的地方是高频信息，如图像边缘；图像灰度值变化缓慢的地方为低频信息，如平坦的背景区域。所以将图像的高低频信息分开融合处理也是符合人眼视觉感知特性的处理方式。基于多尺度变换(multi-scale transform，MST)的图像融合算法在不同尺度上把图像高低频信息分离，在每个尺度上利用不同的融合规则将其融合，最终再重构成一幅图像。多尺度融合算法示意图如图 1-31 所示。

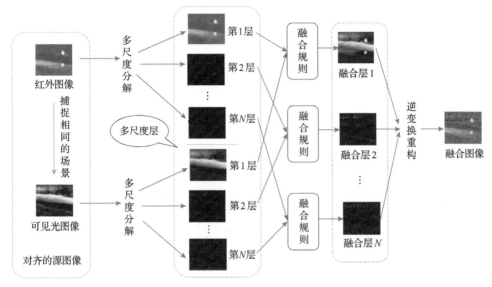

图 1-31　多尺度融合算法示意图

如图 1-31 所示，与图像灰度值直接运算相比，基于多尺度变换的图像融合算法将红外图像和可见光图像分为多层，每一层选用不同的融合规则进行处理，最后合并为融合图像。多尺度变换方法在不同尺度、不同空间分辨率和不同分解层上分别进行，是一种多尺度、多分辨率的方法。多尺度变换融合框架如图 1-32 所示。

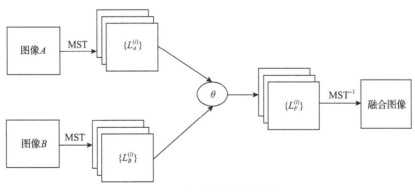

图 1-32　多尺度变换融合框架

MST^{-1}指多尺度逆变换

基于多尺度变换的图像融合算法具体步骤如下。

(1)将源图像 A 和 B 分别进行 N 层尺度分解，得到各自的多尺度分解系数为

$$L_A^{(i)} = \text{MST}(A), \quad L_B^{(i)} = \text{MST}(B), \quad i = 1, 2, \cdots, N \tag{1-53}$$

其中，$L_A^{(i)}$、$L_B^{(i)}$ 分别为图像 A、B 处于第 i 尺度的分解系数。

(2)依照融合规则 θ 对两组分解系数进行融合，得到融合系数为

$$L_F^{(i)} = \theta\left(\left\{L_A^{(i)}\right\}, \left\{L_B^{(i)}\right\}\right), \quad i = 1, 2, \cdots, N \tag{1-54}$$

(3)对融合后的分解系数运用多尺度逆变换反向重构融合图像，得

$$F = \text{MST}^{-1}\left(L_F^{(i)}\right) \tag{1-55}$$

可以看到，多尺度变换融合框架需要确定分解层数和每一层的融合规则，分解层数越多图像融合得越细腻，图像越光滑，但相应的计算时间也会增加。融合规则通常基于像素值取大取小，高频信息通常基于梯度值取大，低频信息通常取平均。为更好地保留图像特征，融合规则通常选择基于权重系数图的策略。多尺度变换是目前主流的红外图像和可见光图像融合方法之一，它包括一些波形变换方法，如离散小波变换、双树离散小波变换等。为了能保持源图像的边缘，提出了边缘保持滤波技术，并将其应用于图像处理中，如双边保持滤波器、引导滤波器、滚动引导滤波器等，在图像分解过程中有效地保持了源图像的边缘。图像金字塔是图像多尺度的一种重要表现方式。如图 1-33 所示，将一幅图像降采样，可以分解为多层图像。

常用的图像金字塔有拉普拉斯金字塔、对比度金字塔、梯度金字塔等，这里以基于拉普拉斯金字塔分解的图像融合算法为例进行说明。拉普拉斯金字塔的构造是基于高斯金字塔而来的，其各层子图由高斯金字塔中对应层子图与其下一层图像的预测图之差形成。其中，各层子图代表源图像不同空间分辨率的高频信息。对第 $l-1$ 层图像 G_{l-1} 再次低通滤波，并在行和列方向分别降采样，获得第 l 层图像为

$$G_l(i, j) = \sum_{m=-2}^{2} \sum_{n=-2}^{2} w(m, n) G_{l-1}(2i + m, 2j + n) \tag{1-56}$$

其中，$w(m,n)$ 为高斯模板在点 (m,n) 处的权值大小，对源图像按式(1-51)逐层滤波采样，可以获得尺寸逐层减半的高斯金字塔。图 1-34 是对图像进行三层高斯滤波得到的金字塔图像。

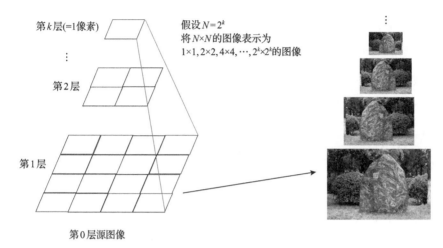

图 1-33　图像金字塔

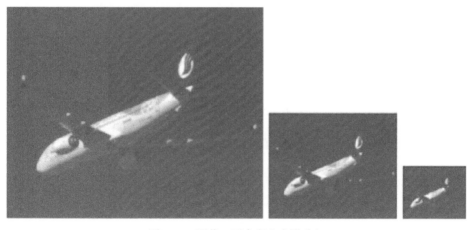

图 1-34　图像三层高斯金字塔分解

　　获取图像的高斯金字塔分解后，相邻层之间的高斯金字塔图像做预测差，便可得到图像的拉普拉斯金字塔。图 1-35 中将源图像进行了两层拉普拉斯金字塔分解，分解得到的最底层图像是源图像的近似，其他各层包含了图像中的细节成分。

图 1-35　图像的两层拉普拉斯金字塔分解

利用内插完成下一层图像 G_{l-1} 在上一层的预测 G_l^*：

$$G_l^*(i,j) = 4 \sum_{m=-2}^{2} \sum_{n=-2}^{2} w(m,n) G_{l-1}\left(\frac{m+i}{2}, \frac{n+j}{2}\right) \tag{1-57}$$

其中

$$G_l^*\left(\frac{m+i}{2}, \frac{n+j}{2}\right) = \begin{cases} G_{l-1}\left(\dfrac{m+i}{2}, \dfrac{n+j}{2}\right), & m+i \text{和} n+j \text{为偶数} \\ 0, & m+i \text{和} n+j \text{为奇数} \end{cases} \tag{1-58}$$

设 LP_l 为拉普拉斯金字塔的第 l 层，则有

$$\begin{cases} LP_l = G_l - G_l^*, & 0 \leqslant L < N \\ LP_N = G_N \end{cases} \tag{1-59}$$

对图像进行拉普拉斯金字塔分解后，获得了图像在不同尺度上的高频信息，通过式(1-60)，利用各层数据重构源图像：

$$G_l = LP_l + G_l^*, \quad 0 \leqslant L < N \tag{1-60}$$

采用拉普拉斯金字塔分解的图像融合算法对光电经纬仪获取的可见光图像和红外图像进行融合，融合结果如图 1-36 所示。

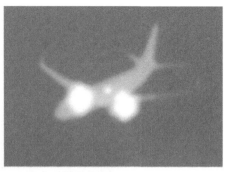

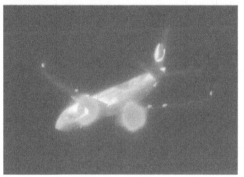

图 1-36　基于拉普拉斯金字塔的图像融合

可以看到，融合图像拥有了可见光图像的纹理和红外图像的高亮特征，体现出了左右两侧机翼的高温区域。

1.5.3　彩色图像融合算法

红外图像和彩色融合需要处理好两件事情：一是融合后的颜色如何表征；二是红外图像体现的温度特征如何表征。对于第一个问题，通常采用颜色迁移图像融合方法；针对第二个问题，可以采用分区域图像融合处理。

1. 颜色迁移图像融合

基于均值和方差的颜色迁移图像融合方法是常用的颜色表征方法。其基本思想是根据着色图像的统计分析确定一个线性变换，使得目标图像和源图像在 Lab 色彩空间中具有同样的均值和方差，因此需要计算两幅图像的均值和方差。按照"目标图像 Lab 色彩空间的像素=(源方差/目标方差)×(目标像素–目标均值)+源均值"进行计算。

将 RGB 颜色空间的颜色迁移应用于 YCbCr 颜色空间，算法流程如图 1-37 所示。

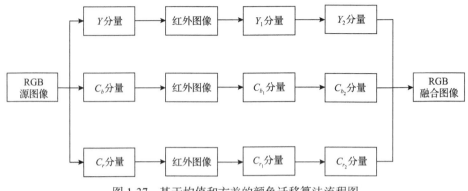

图 1-37　基于均值和方差的颜色迁移算法流程图

基于均值和方差的颜色迁移具体步骤如下。

(1)将 RGB 图像按式(1-61)转到 YCbCr 颜色空间:

$$\begin{bmatrix} Y \\ C_b \\ C_r \end{bmatrix} = \begin{bmatrix} 0.257 & 0.504 & 0.098 \\ -0.148 & -0.291 & 0.439 \\ 0.439 & -0.368 & -0.071 \end{bmatrix} \begin{bmatrix} R \\ G \\ B \end{bmatrix} + \begin{bmatrix} 16 \\ 128 \\ 128 \end{bmatrix} \tag{1-61}$$

(2)按式(1-62)将 YCbCr 分量分别与红外图像进行融合,获得新的 Y_1、C_{b_1} 和 C_{r_1} 分量。

$$\begin{cases} Y_1 = 0.5 \times Y + 0.5 \times F_{\text{infra}} + 16 \\ C_{b_1} = 0.9 \times C_b - 0.1 \times F_{\text{infra}} + 128 \\ C_{r_1} = -0.1 \times C_b + 0.9 \times F_{\text{infra}} + 128 \end{cases} \tag{1-62}$$

(3)分别求 Y_1、C_{b_1} 和 C_{r_1} 和 Y、C_b 和 C_r 通道下的均值和方差。

(4)按式(1-62)对图像各个通道灰度值进行重新分配,获得 Y_2、C_{b_2} 和 C_{r_2} 分量,再转为 RGB 融合图像。

$$Y_2 = \frac{\sigma_y^y}{\sigma_{y_1}^y}\left(y_1 - u_{y_1}^y\right) + u_y^y$$

$$C_{b_2} = \frac{\sigma_{C_b}^{C_b}}{\sigma_{C_{b_1}}^{C_b}}\left(C_{b_1} - u_{C_{b_1}}^{C_b}\right) + u_{C_b}^{C_b} \tag{1-63}$$

$$C_{r_2} = \frac{\sigma_{C_r}^{C_r}}{\sigma_{C_{r_1}}^{C_r}}\left(C_{r_1} - u_{C_{r_1}}^{C_r}\right) + u_{C_r}^{C_r}$$

对光电经纬仪获取的飞机彩色图像和红外图像运用该算法进行融合，效果如图 1-38 所示。

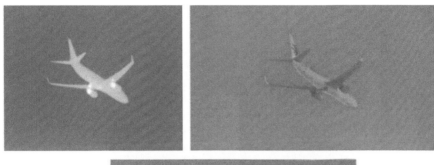

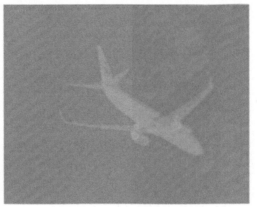

图 1-38　基于均值和方差的颜色迁移效果

2. 分区域图像融合

融合的目的是更好地突出人们感兴趣的区域，所以在融合时，需要考虑感兴趣的区域是哪部分，例如，一幅图像中可能只对目标感兴趣，只关注目标的数据（纹理和温度）。基于此需求，设计了基于不同温区权重的分区域图像融合算法，算法流程如图 1-39 所示。

基于不同温区权重的分区域图像融合算法具体步骤如下。

（1）利用式（1-64）对红外图像做双阈值分割，生成高温区二值掩模、目标常温区二值掩模和背景区二值掩模，同时不同温区赋予不同的饱和度。

$$\begin{cases} B_1(x,y)=255, & B_2(x,y)=0, & B_3(x,y)=0, & S=230, & F(x,y) \geqslant T_1 \\ B_1(x,y)=0, & B_2(x,y)=255, & B_3(x,y)=0, & S=130, & T_2 \leqslant F(x,y) < T_1 \\ B_1(x,y)=0, & B_2(x,y)=0, & B_3(x,y)=255, & S=130, & F(x,y) < T_2 \end{cases} \quad (1\text{-}64)$$

（2）基于此掩模，将彩色可见光图像分为三个区域（背景区域、目标常温区域和显著温区）。赋予 H 为一个色调，如黄色，不同饱和度值表示不同温度的伪彩色图像。飞机温度伪彩色图像如图 1-40 所示。

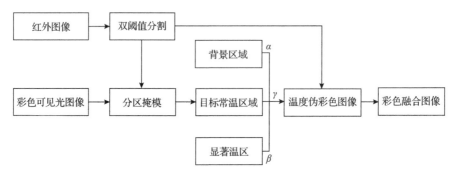

图 1-39 基于不同温区权重的分区域图像融合算法流程图

图 1-40 飞机温度伪彩色图像

（3）对彩色可见光图像不同区域按照不同的权重系数 (α, β, γ) 分别与温度伪彩色图像融合，最后拼接成一幅融合图像，如图 1-41 所示。该算法的优势在于对整幅图像不同区域以不同权重融合，较好地保留了可见光图像的背景信息和红外图像目标的温度信息。

图 1-41　基于不同温区权重的分区域图像融合算法效果

参 考 文 献

[1] 赵荣椿. 数字图像处理导论. 西安: 西北工业大学出版社, 1995.

[2] 章毓晋. 图像工程(上). 北京: 清华大学出版社, 2001.

[3] 阮秋琦. 数字图像处理学. 3 版. 北京: 电子工业出版社, 2013.

[4] 郭晓杰, 李鑫慧. 现代数字图像处理技术. 北京: 科学出版社, 2021.

[5] Gonzalez R C, Woods R E. Digital Image Processing. London: Pearson Press, 2007.

[6] Zhang H, Xu H, Tian X, et al. Image fusion meets deep learning: A survey and perspective. Information Fusion, 2021, 76: 323-336.

[7] 肖亮, 杨劲翔, 徐洋, 等. 多源空谱遥感图像融合的表示学习方法. 北京: 科学出版社, 2021.

[8] 赵永强, 潘泉, 程咏梅. 成像偏振光谱遥感及应用. 北京: 国防工业出版社, 2011.

[9] 左超, 陈钱. 计算光学成像: 何来, 何处, 何去, 何从. 红外与激光工程, 2022, 51(2): 20220110.

[10] Brown M S. Understanding the in-camera rendering pipeline & the role of AI and deep learning. Proceedings of the IEEE International Conference on Computer Vision, Paris, 2023: 1-6.

第 2 章 图 像 先 验

在人工智能、机器学习、图像处理等领域，常见的底层视觉任务（如图像去噪、图像去模糊、图像修复、图像重建等）、中层视觉任务（如子空间聚类）等都是不适定问题（ill-posed problem），即问题的解不仅不唯一，而且解不稳定，因此直接求解潜在的最优解很难获得一个切合实际的解。正则化技术已被证明是解决不适定问题的有效工具，其遵循的基本原理是在不适定问题中引入待求变量的先验知识，来控制可行解的范围以进一步促进解的稳定性，使得解空间更好地逼近真实解。目前，常用自然图像的先验信息有局部平滑性、非局部自相似性、稀疏性、低秩、高阶张量等特征。本章就二维图像或者高维图像（以高光谱图像为例）所蕴含的先验信息展开介绍。

2.1 张 量 先 验

张量（tensor）是一个多维数组。具体地说，N 路或 N 阶张量是 N 个向量空间的张量积所生成的单元，每个向量空间都有自己的坐标系[1-3]。值得注意的是，张量这一概念不应该与物理学和工程学中的张量（如应力张量（stress tensor））混淆，后者通常称为数学中的张量场[4]。三阶张量有三个索引，如图 2-1 所示。通常情况下，一阶张量为向量，二阶张量为矩阵，三阶及三阶以上的张量称为高阶张量。

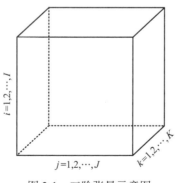

图 2-1　三阶张量示意图

张量（即多路径阵列）用花体字母表示，如 $\mathcal{X}$。张量的阶是维数，也称为路

(way)或模(mode)。矩阵用白斜体字母表示，如 A；向量用黑斜体字母表示，如 $\boldsymbol{a}$；标量用白斜体字母表示，如 a。向量 $\boldsymbol{a}$ 的第 i 个元素用 a_i 表示；矩阵 A 的 (i,j) 元素用 a_{ij} 表示；三阶张量 $\mathcal{X}$ 的 (i,j,k) 元素用 x_{ijk} 表示。指标通常从 1 到其对应的大写字母，如 $i=1,2,\cdots,I$。序列中的第 n 个元素用带括号的上标表示，例如，$A^{(n)}$ 表示序列中的第 n 个矩阵。

当指标的一个子集固定时，就形成子阵列。对于矩阵，这些是行和列。冒号用来表示该维度所有的元素。例如，A 的第 j 列用 $a_{:j}$ 表示；类似地，矩阵 A 的第 i 行用 $a_{i:}$ 表示。纤维(fiber)是高阶张量中类似于矩阵行和列的专业术语。通过固定除本索引之外的每个索引来定义纤维。例如，矩阵列是模-1(mode-1)纤维，矩阵行是模-2(mode-2)纤维。如图 2-2 所示，三阶张量具有列、行和管纤维，分别用 $x_{:jk}$、$x_{i:k}$ 和 $x_{ij:}$ 表示。通常情况下，纤维总是被假定为列向量。切片是张量的二维截面，通过固定除两个指标以外的其余指标来定义。图 2-3 展示了三阶张量 $\mathcal{X}$ 的水平、侧面和正面切片，分别用 $X_{i::}$、$X_{:j:}$ 和 $X_{::k}$ 表示。

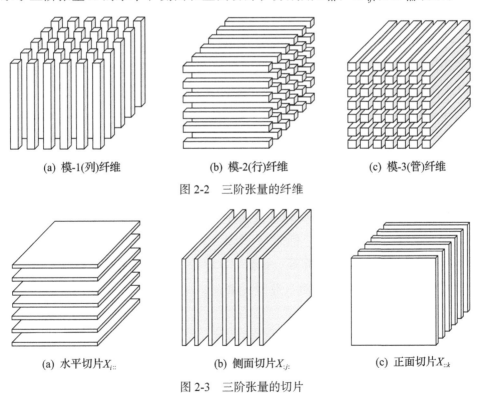

(a) 模-1(列)纤维　　　　　　(b) 模-2(行)纤维　　　　　　(c) 模-3(管)纤维

图 2-2　三阶张量的纤维

(a) 水平切片 $X_{i::}$　　　　　(b) 侧面切片 $X_{:j:}$　　　　　(c) 正面切片 $X_{::k}$

图 2-3　三阶张量的切片

张量 $\mathcal{X}\in\mathbb{R}^{I_1\times I_2\times\cdots\times I_N}$ 的范数是其所有元素平方和的平方根，即

$$\|\mathcal{X}\|_F = \left(\sum_{i_1=1}^{I_1} \sum_{i_2=1}^{I_2} \cdots \sum_{i_N=1}^{I_N} \left| x_{i_1 i_2 \dots i_N} \right|^2 \right)^{1/2} \tag{2-1}$$

两个大小相同的张量 $\mathcal{X}, \mathcal{Y} \in \mathbb{R}^{I_1 \times I_2 \times \cdots \times I_N}$ 的内积是它们对应元素的乘积之和,即

$$\langle X, Y \rangle = \sum_{i_1=1}^{I_1} \sum_{i_2=1}^{I_2} \cdots \sum_{i_N=1}^{I_N} x_{i_1 i_2 \cdots i_N} y_{i_1 i_2 \cdots i_N} \tag{2-2}$$

2.1.1 张量基本运算

实数域和复数域分别表示为 $\mathbb{R}$ 和 $\mathbb{C}$。记 N 阶张量 $\mathcal{A} \in \mathbb{R}^{I_1 \times I_2 \times \cdots \times I_N}$ 的元素值为 $a_{i_1 i_2 \cdots i_N}$,对于三阶张量 $\mathcal{A} \in \mathbb{R}^{I_1 \times I_2 \times I_3}$,使用符号 $\mathcal{A}(:,:,i)$、$\mathcal{A}(:,i,:)$ 和 $\mathcal{A}(i,:,:)$ 分别表示它的第 i 个正面、侧面和水平切片(定义参见文献[1]~[3]),$\mathcal{A}(:,i,j)$、$\mathcal{A}(i,:,j)$ 和 $\mathcal{A}(i,j,:)$ 分别表示它的第 (i,j) 个模-1、模-2 和模-3 纤维。用 $\hat{\mathcal{A}}$ 表示沿着 $\mathcal{A}$ 的每一管做离散傅里叶变换(discrete Fourier transform,DFT)生成的张量,即 $\hat{\mathcal{A}} = \text{fft}(\mathcal{A}, [], 3)$。反过来,$\mathcal{A}$ 可以通过计算 $\hat{\mathcal{A}}$ 的傅里叶逆变换得到,即 $\mathcal{A} = \text{ifft}(\hat{\mathcal{A}}, [], 3)$。定义 $\mathcal{A} \in \mathbb{R}^{I_1 \times I_2 \times I_3}$ 的置换张量为 $\bar{\mathcal{A}} = \text{Permute}(\mathcal{A}, [1,3,2]) \in \mathbb{R}^{I_1 \times I_3 \times I_2}$。运算符 Permute 将 $\mathcal{A}$ 的正面切片转换为 $\bar{\mathcal{A}}$ 的侧面切片,其逆运算 inv-Permute 为 $\mathcal{A} = \text{inv-Permute}(\bar{\mathcal{A}}, [1,3,2])$。矩阵 A 的核范数和加权核范数分别定义为 $\|A\|_* = \sum_i \sigma_i(A)$ 和 $\|A\|_{w,*} = \sum_i w_i \sigma_i(A)$,其中,$w = (w_1, w_2, \cdots, w_n)$,$w_i \geqslant 0$,$\sigma_i(A)$ 是 A 的第 i 个最大奇异值。

定义 2-1(张量矩阵化,又称张量展开或拉平) 张量展开是将 N 维数组的元素重新排序为矩阵的过程。例如,一个 $2 \times 3 \times 4$ 的张量可以排列为一个 6×4 的矩阵或者一个 3×8 的矩阵等。张量 $\mathcal{X} \in \mathbb{R}^{I_1 \times I_2 \times \cdots \times I_N}$ 的模-n 矩阵用 $X_{(n)}$ 表示,并将模-n 纤维排列成矩阵的列。张量元素(i_1,i_2,$\cdots$,i_N)可以映射到矩阵元素 (i_n, j),其中

$$j = 1 + \prod_{k=1, k \neq n}^{N} (i_k - 1) J_k, \quad J_k = \prod_{m=1, m \neq n}^{k-1} I_m \tag{2-3}$$

定义 2-2(转置张量) 对于 $\mathcal{A} \in \mathbb{R}^{I_1 \times I_2 \times I_3}$,转置张量 $\mathcal{A}^{\mathrm{T}} \in \mathbb{R}^{I_2 \times I_1 \times I_3}$ 通过对每个前向切片进行转置,然后通过对前向切片 2~n 按顺序进行转置得到。

定义 2-3（单位张量）　单位张量 $\mathcal{J} \in \mathbb{R}^{I \times I \times I_3}$ 是第一个正面切片为 $I \times I$ 单位矩阵，其他正面切片均为零的张量。

定义 2-4（正交张量）　张量 $\mathcal{A} \in \mathbb{R}^{I \times I \times I_3}$ 是正交的，且 $\mathcal{A}^T \mathcal{A} = \mathcal{A} \mathcal{A}^T = \mathcal{J}$。

定义 2-5（块对角阵）　令 $\overline{A} \in \mathbb{R}^{I_1 I_3 \times I_2 I_3}$ 表示块对角矩阵，其对角上的每一块为张量 $\hat{\mathcal{A}}$ 的前向切片 $\hat{A}^{(i)}$，即

$$
\begin{bmatrix}
\hat{A}^{(1)} & & & \\
& \hat{A}^{(2)} & & \\
& & \ddots & \\
& & & \hat{A}^{(n_3)}
\end{bmatrix}
\tag{2-4}
$$

对于三阶张量 $\mathcal{A} \in \mathbb{R}^{n_1 \times n_2 \times n_3}$，其分块循环矩阵 $\mathrm{bcirc}(\mathcal{A})$ 的大小为 $n_1 n_3 \times n_2 n_3$，即

$$
\mathrm{bcirc}(\mathcal{A}) =
\begin{bmatrix}
A^{(1)} & A^{(2)} & \cdots & A^{(n_3)} \\
A^{(2)} & A^{(1)} & \cdots & A^{(n_3-1)} \\
\vdots & \vdots & & \vdots \\
A^{(n_3)} & A^{(n_3-1)} & \cdots & A^{(1)}
\end{bmatrix}
\tag{2-5}
$$

其中，$A^{(i)}$ 为 $\mathcal{A}$ 的第 i 个正面切片矩阵。

定义 2-6（张量积，或 t-积、t-product）　给定两个三阶张量 $\mathcal{A} \in \mathbb{R}^{I_1 \times I_2 \times I_3}$ 和 $\mathcal{B} \in \mathbb{R}^{I_2 \times I_4 \times I_3}$。那么，t-积 $\mathcal{A} * \mathcal{B}$ 是张量 $\mathcal{C} \in \mathbb{R}^{I_1 \times I_4 \times I_3}$，$\mathcal{A} * \mathcal{B} = \mathrm{fold}(\mathrm{bcirc}(\mathcal{A}) \cdot \mathrm{bcirc}(\mathcal{B}))$，且 $\mathcal{C}(i,j,:) = \sum\limits_{k=1}^{n_2} \mathcal{A}(i,k,:) * \mathcal{B}(k,j,:)$。

定义 2-7（张量奇异值分解（tensor-singular value decomposition，t-SVD））
对于 $\mathcal{A} \in \mathbb{R}^{I_1 \times I_2 \times I_3}$，$\mathcal{A}$ 的 t-SVD 为 $\mathcal{A} = \mathcal{U} * \mathcal{S} * \mathcal{V}^*$。其中，$\mathcal{S} \in \mathbb{R}^{I_1 \times I_2 \times I_3}$ 是一个 f-对角张量，即 $\mathcal{S}$ 的每个正面切片是一个对角矩阵，$\mathcal{U} \in \mathbb{R}^{I_1 \times I_1 \times I_3}$ 和 $\mathcal{V} \in \mathbb{R}^{I_2 \times I_2 \times I_3}$ 是正交张量。$\mathcal{V}^*$ 是 $\mathcal{V}$ 的共轭张量，通过共轭转置每个正面切片，然后反转转置正面切片 $2 \sim I_3$ 的顺序得到。

t-SVD 不能直接计算原始域的矩阵奇异值分解，然而可以有效计算傅里叶变换域中基于矩阵的奇异值分解。更确切地说，通过傅里叶变换，块循环矩阵可以映射到块对角矩阵，表示为

$$\left(F_{n_3} * I_{n_1}\right) \cdot \text{bcirc}(\mathcal{A}) \cdot \left(F_{n_3}^{-1} * I_{n_2}\right) = \overline{A} \tag{2-6}$$

其中，F_{n_3} 为 $n_3 \times n_3$ 的离散傅里叶变换矩阵；* 为克罗内克积。使用循环卷积和离散傅里叶变换之间的关系，可以通过在傅里叶变换域中对每个前向切片执行奇异值分解，即

$$\left[\hat{\mathcal{U}}(:,:,i), \hat{\mathcal{S}}(:,:,i), \hat{\mathcal{V}}(:,:,i)\right] = \text{SVD}(\hat{\mathcal{A}}(:,:,i)), \quad i = 1, 2, \cdots, n_3 \tag{2-7}$$

可以通过式(2-8)得到张量 $\mathcal{A}$ 的 t-SVD：

$$\begin{cases} \mathcal{U} = \text{ifft}(\hat{\mathcal{U}}, [], 3) \\ \mathcal{S} = \text{ifft}(\hat{\mathcal{S}}, [], 3) \\ \mathcal{V} = \text{ifft}(\hat{\mathcal{V}}, [], 3) \end{cases} \tag{2-8}$$

定义 2-8（秩 1 张量） 如果一个 N 阶张量 $\mathcal{X} \in \mathbb{R}^{I_1 \times I_2 \times \cdots \times I_N}$ 能够写成 N 个向量的外积之和，即

$$X = a^{(1)} \circ a^{(2)} \circ \cdots \circ a^{(N)} \tag{2-9}$$

那么称该张量是秩 1 张量。其中，。为向量的外积。张量的每一个元素都是对应向量元素的积，即

$$x_{i_1 i_2 \cdots i_N} = a_{i_1}^{(1)} a_{i_2}^{(2)} \cdots a_{i_N}^{(N)}, \quad 1 \leqslant i_n \leqslant I_n \tag{2-10}$$

图 2-4 展示了三阶秩 1 张量，$\mathcal{X} = a \circ b \circ c$。

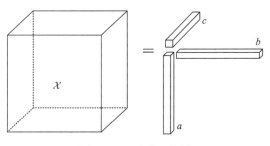

图 2-4 三阶秩 1 张量

定义 2-9（张量模-n 乘积） 张量 $\mathcal{X} \in \mathbb{R}^{I_1 \times I_2 \times \cdots \times I_N}$ 与矩阵 $U \in \mathbb{R}^{J \times I_n}$ 的模-n（矩阵）乘积记为 $\mathcal{X} \times_n U$，其大小为 $I_1 \times I_2 \times \cdots \times I_{n-1} \times J \times I_{n+1} \times I_{n+2} \times \cdots \times I_N$。那么，逐元素表达为

$$\left(\mathcal{X} \times_n U\right)_{i_1 i_2 \cdots i_{n-1} j i_{n+1} i_{n+2} \cdots i_N} = \sum_{i_n=1}^{I_n} x_{i_1 i_2 \cdots i_N} u_{j i_n} \tag{2-11}$$

式 (2-11) 用张量展开表示为

$$\mathcal{Y} = \mathcal{X} \times_n U \Leftrightarrow Y_{(n)} = U X_{(n)} \tag{2-12}$$

对于一系列乘法中的不同模，不同模的乘法顺序是可交换的，即

$$\mathcal{X} \times_m A \times_n B = \mathcal{X} \times_n B \times_m A, \quad m \neq n \tag{2-13}$$

如果模相同，那么有

$$\mathcal{X} \times_n A \times_n B = \mathcal{X} \times_n (BA) \tag{2-14}$$

张量 $\mathcal{X} \in \mathbb{R}^{I_1 \times I_2 \times \cdots \times I_N}$ 与向量 $\boldsymbol{v} \in \mathbb{R}^{I_n}$ 的模-n（向量）积记为 $\mathcal{X} \cdot_n \boldsymbol{v}$。模-$n$ 乘积的阶数为 $N-1$，即大小为 $I_1 \times I_2 \times \cdots \times I_{n-1} \times I_{n+1} \times I_{n+2} \times \cdots \times I_N$。其对应的元素为

$$\left(\mathcal{X} \cdot_n \boldsymbol{v}\right)_{i_1 i_2 \cdots i_{n-1} i_{n+1} \cdots i_N} = \sum_{i_n=1}^{I_n} x_{i_1 i_2 \cdots i_N} v_{i_n} \tag{2-15}$$

2.1.2　张量分解

1. Tucker 分解

Tucker 分解是高阶主成分分析的一种形式。它将张量分解为一个核张量乘以（或变换）沿每个模的矩阵。例如，在三阶情形下，当 $\mathcal{X} \in \mathbb{R}^{I \times J \times K}$ 时，有

$$\mathcal{X} \approx \mathcal{G} \times_1 A \times_2 B \times_3 C = \sum_{p=1}^{P} \sum_{q=1}^{Q} \sum_{r=1}^{R} g_{pqr} a_p \circ b_q \circ c_r = [\![\mathcal{G}; A, B, C]\!] \tag{2-16}$$

其中，$A \in \mathbb{R}^{I \times P}$、$B \in \mathbb{R}^{J \times Q}$、$C \in \mathbb{R}^{K \times R}$ 为因子矩阵（它们通常是正交的），每一个因子矩阵可以认为是每个模下的主成分。张量 $\mathcal{G} \in \mathbb{R}^{P \times Q \times R}$ 称为核张量，其元素表示不同成分之间的相互作用程度。P、Q 和 R 分别为因子矩阵 A、B 和 C 中的分量数。如果 P、Q、R 小于 I、J、K，那么核张量 $\mathcal{G}$ 可以被认为是 $\mathcal{X}$ 的压缩形式。在某些情况下，张量分解后所需存储空间可以明显小于原始张量。三阶张量的 Tucker 分解如图 2-5 所示。

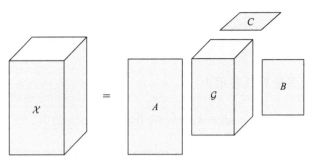

图 2-5　三阶张量的 Tucker 分解

2. CANDECOMP/PARAFAC 分解

CANDECOMP/PARAFAC 分解（CP 分解）是将一个张量分解为若干个秩 1 张量之和。例如，给定一个三阶张量 $\mathcal{X} \in \mathbb{R}^{I \times J \times K}$，将其写为

$$\mathcal{X} \approx \sum_{r=1}^{R} a_r \circ b_r \circ c_r \tag{2-17}$$

其中，R 为一个正整数，且 $a_r \in \mathbb{R}^I$，$b_r \in \mathbb{R}^J$，$c_r \in \mathbb{R}^K$，$r = 1, 2, \cdots, R$。三阶张量的 CP 分解如图 2-6 所示。

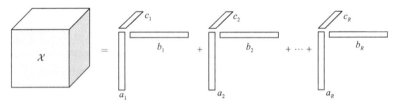

图 2-6　三阶张量的 CP 分解

3. 张量环分解

张量环分解（tensor ring decomposition, TRD）[5] 是通过一系列三阶因子张量（也称为张量环因子）上的圆形多线性积来表示一个高阶张量。假设 $\mathcal{X}$ 是一个大小为 $I_1 \times I_2 \times \cdots \times I_n$ 的 n 阶张量。$\mathcal{X}$ 的张量环分解表示为寻找 n 个潜在的三阶核张量 $\mathcal{G} = \left\{ \mathcal{G}^{(1)}, \mathcal{G}^{(2)}, \cdots, \mathcal{G}^{(n)} \right\}$，其中 $\mathcal{G}^{(k)} \in \mathbb{R}^{r_k \times I_k \times r_{k+1}}$。在这种情况下，$\mathcal{X}$ 的每一个元素与核张量 $\mathcal{G}$ 的关系可以表示为

$$\mathcal{X}(i_1, i_2, \cdots, i_n) = \mathrm{Tr}\left(\mathcal{G}^{(1)}_{(i_1)} \mathcal{G}^{(2)}_{(i_2)} \cdots \mathcal{G}^{(n)}_{(i_n)} \right) = \mathrm{Tr}\left(\prod_{k=1}^{n} \mathcal{G}^{(k)}_{(i_k)} \right) \tag{2-18}$$

其中，$\mathcal{G}_{(i_k)}^{(k)}$ 为 $\mathcal{G}^{(k)}$ 的 i_k 侧面切片矩阵；$\mathrm{Tr}(\cdot)$ 为矩阵迹运算。根据迹运算，这些切片矩阵的乘积应该是一个方阵，因此张量环分解将首尾核的维数设置为 $r_1 = r_{n+1}$。在这种情况下，向量 $\boldsymbol{r} = [r_1, r_2, \cdots, r_n]$ 称为 TR 秩。张量环分解的示意图如图 2-7 所示。

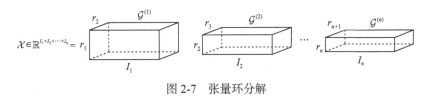

图 2-7 张量环分解

2.2 稀 疏 先 验

稀疏表示(sparse representation)的概念由来已久。1959 年，Hubel 和 Wiesel 在观察哺乳动物主视皮层 V1 区神经元感受野的反应实验中发现该区域细胞感受野对视觉信息的记录方法是一种"稀疏表示"。基于这一发现，Barlow 于 1961 年提出了一种对视觉信号进行编码可能的假设。1987 年 Field 根据 Hubel 和 Wiesel 的研究结果提出将这一稀疏表示的特性应用于视网膜成像的研究中，在这一思路的指引下，Michison 于 1988 年通过结合神经领域的特征与稀疏表示的概念将稀疏编码(sparse coding)应用于神经领域。之后，在 1996 年 Olshausen 和 Field 发现对自然图像进行稀疏编码后获得的基函数与细胞感受野的反应特性具有相似的特征，通过将稀疏性作为正则化项的方式，对感受野的响应特性进行了模拟，从而很好地解释了生物学家观察到的初级视皮层的工作机理。通过进一步对基函数与输出信号维数之间的思考，二人研究得出了超完备稀疏编码的概念，对 V1 区简单细胞感受野成功建模。同一时期，最小绝对收敛和选择算子(least absolute shrinkage and selection operator，LASSO)算法于 1996 年创造性地被提出其将 l_0 范数松弛为 l_1 范数来求解稀疏表示模型的方法，开辟了一条求解稀疏表示模型的新思路。随着求解最小化范数算法不断优化，稀疏表示理论开始广泛应用于人脸识别、目标追踪、盲源分离等领域[6]。

稀疏编码的目的是在大量的数据集中选取很小的部分作为元素来重建新的数据。稀疏编码的难点之一是最优化目标函数的求解。

2.2.1 稀疏表示原理

对于一维的离散时间信号 x，可以用一个 $\mathbb{R}^N$ 空间中的 N 维列向量来表示。

假设 $\mathbb{R}^N$ 空间内的任何信号都可以通过 $N×M$ 维的基向量组 $\{\Phi_i\}_{i=1}^{M}$ 来线性表示，此时假设基向量之间都是正交的，则所有的基向量就构成了一个基矩阵 $\Phi=\{\Phi_1,\Phi_2,\cdots,\Phi_M\}$，这个基矩阵就称为字典，信号 x 就可以通过基矩阵表示为

$$x = \sum_{i=1}^{M} c_i \Phi_i = \Phi c \tag{2-19}$$

其中，c 为信号 x 在基矩阵上的投影，也是一个 M 维的列向量。若向量 c 中的非零值数目 K 远小于向量的维数 N，则认为信号 c 是稀疏的，当 $M>N$ 时 c 有无穷多个解，要得到唯一解需要增加限制条件[7]。稀疏表示就是利用这种欠定的情况，从过完备字典中选取少量原子来表示原始信号，即以向量 c 稀疏为约束条件缩小解的范围，以此来降低信号处理成本，达到压缩信号的效果。图 2-8 描述了原信号、字典和系数矩阵三者的关系。

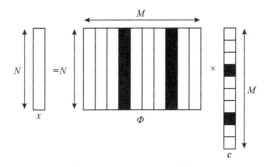

图 2-8　稀疏表示示意图

定义 2-10（向量 c 稀疏的数学定义）[8]　若存在 $0<p<2$ 和 $R>0$ 且满足：$\|c\|_p = \left(\sum_i |c_i|^p\right)^{1/p} \leqslant R$，则认为信号在一定意义上是稀疏的。

同时这一公式也是向量 c 的 l_p 范数的定义。当 p 为 1 时得到的就是向量的 l_1 范数，数学意义是向量各个分量元素的绝对值之和；当 p 为 2 时得到的就是向量的 l_2 范数，数学意义为根号下各元素的平方和。图 2-9 描述了 p 为不同值时的 l_p 范数。

由此可以将向量 c 稀疏作为求解线性方程组的限制条件，当 $p=0$ 时，可将求解式 (2-19) 的问题转化为求解向量的最小 l_0 范数的优化问题[9]，即

$$\hat{c} = \arg\min_c \frac{1}{2}\|x - \Phi c\|_2^2 + \lambda\|c\|_0 \tag{2-20}$$

但由于该问题是一个非凸函数求极值的问题，所以直接求解比较困难，因而出现了两种求解思路：一种是通过松弛 l_0 范数的方法将非凸问题转换为凸函数再进行优化[10]，这种方法只能获得近似解；另一种是采用字典原子匹配的方法。图 2-10 为一维空间中不同范数的几何描述。

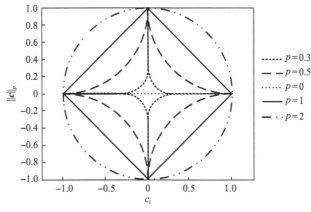

图 2-9　不同 p 值对应的 l_p 范数

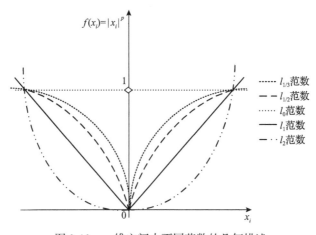

图 2-10　一维空间中不同范数的几何描述

2.2.2　稀疏表示技术的分类

稀疏表示理论可以从不同的角度进行分类，由于不同的方法有其各自的动机、想法和关注点，因此从分类学的角度可以将现有的稀疏表示方法分为不同的类别。例如，从"原子"的角度，现有的稀疏表示方法可以分为两类：基于原始样本的稀疏表示方法和基于字典学习的稀疏表示方法。基于"原子"标签的可获得性，稀疏表示方法大致可以分为三类：监督学习、半监督学习和无监督学习。

由于稀疏约束的存在，稀疏表示方法可以分为两类：基于结构约束的稀疏表示和基于稀疏约束的稀疏表示。此外，在图像分类领域，基于表示的分类方法从"原子"的利用方式来看主要包括两大类：基于整体表示的方法和基于局部表示的方法。更具体地说，基于整体表示的方法使用所有类的训练样本来表示测试样本，而基于局部表示的方法只使用每个类或几个类的训练样本（或原子）来表示测试样本。大多数的稀疏表示方法都是基于整体表示的方法。一种典型的、具有代表性的局部稀疏表示方法是两阶段测试样本稀疏表示方法。

根据优化思路，文献[6]认为稀疏表示算法大致分为三类：凸松弛算法、贪婪算法和组合算法。从稀疏问题建模和问题求解的角度，一般将稀疏表示算法分为两种：贪婪算法和凸松弛算法。另外，如果考虑优化，稀疏表示可以分为四个优化问题：光滑凸问题、非光滑非凸问题、光滑非凸问题和非光滑凸问题。此外，Schmidt 等回顾了求解 l_1 范数正则化问题的一些优化技术，并将这些方法大致分为三种优化策略：次梯度方法、无约束近似方法和约束优化方法。也有学者从解析解和优化角度将现有的稀疏表示方法分为四类：贪婪策略近似、约束优化策略、基于邻近算法的优化策略和基于同伦算法的稀疏表示。

2.2.3　不同范数正则化的稀疏表示问题

根据所使用的范数正则化，稀疏表示分为不同的类别。稀疏表示的一般框架是利用一些样本或"原子"的线性组合来表示测量样本，计算其闭式解，即这些样本或"原子"的表示系数，然后利用闭式解重构出所需的结果。然而，稀疏表示中的表示结果很大程度上由施加在闭式解上的正则化器（或优化器）控制。因此，根据优化器使用的范数不同，稀疏表示方法大致可以分为五类：l_0 范数最小化的稀疏表示、l_p 范数 $(0 < p < 1)$ 最小化的稀疏表示、l_1 范数最小化的稀疏表示、$l_{2,1}$ 范数最小化的稀疏表示和 l_2 范数最小化的稀疏表示。

1. l_0 范数最小化的稀疏表示

设 $x_1, x_2, \cdots, x_n \in \mathbb{R}^d$ 为所有 n 个已知样本，由已知样本所构造的矩阵 $X \in \mathbb{R}^{d \times n}(d < n)$ 为测量矩阵或基字典，也为过完备字典。X 的每一列为一个样本，测量样本 $y \in \mathbb{R}^d$ 为列向量。因此，如果用所有已知样本近似表示测量样本 y，则 y 可表示为

$$y = x_1 a_1 + x_2 a_2 + \cdots + x_n a_n \qquad (2\text{-}21)$$

其中，$a_i(i = 1, 2, \cdots, n)$ 为 x_i 的系数。方程 (2-21) 可以改写为

$$y = xa \qquad (2\text{-}22)$$

然而，问题 (2-21) 是一个欠定线性方程组，主要问题是如何求解。从线性代数的观点来看，如果没有任何先验知识或对闭式解 a 施加任何约束，问题 (2-22) 是一个不适定问题，不存在唯一解。也就是说，无法利用方程 (2-22) 的测量矩阵 x 唯一地表示样本 y。为了解决这个问题，对 a 施加适当的正则化约束或正则化函数是可行的。稀疏表示方法要求得到的闭式解是稀疏的，即利用测量矩阵的线性组合来表示测量样本时，大部分系数应该为零或非常接近于零。

利用 l_0 范数最小化约束求解线性表示系统 (2-22)，可以得到最稀疏解，因此问题 (2-22) 可转化为

$$\hat{x} = \arg \min_{x} \|x\|_0 \quad \text{s.t.} \, y = Dx \qquad (2\text{-}23)$$

其中，$\|\cdot\|_0$ 表示向量中非零元素的个数，也可视为稀疏度的度量。此外，如果仅用测量矩阵 x 中的 $k(k < n)$ 个原子来表示测量样本，那么问题 (2-23) 将等价为

$$\hat{x} = \arg \min_{x} y = Dx \quad \text{s.t.} \, \|x\|_0 < k \qquad (2\text{-}24)$$

问题 (2-24) 称为 k-稀疏近似问题。由于真实数据中总是包含噪声，所以在大多数情况下，表示噪声是不可避免的。因此，原模型可以定义为

$$y = Dx + s \qquad (2\text{-}25)$$

其中，$s \in \mathbb{R}^d$ 为噪声，且当 $\|s\|_2 \leqslant \varepsilon$ 时有界。在噪声存在的情况下，通过求解以下优化问题可以近似得到问题 (2-22) 和 (2-23) 的稀疏解，为

$$\hat{x} = \arg \min_{x} \|x\|_0 \quad \text{s.t.} \, \|y - Dx\|_2^2 < \varepsilon \qquad (2\text{-}26)$$

或

$$\hat{x} = \arg \min_{x} \|y - Dx\|_2^2 \quad \text{s.t.} \, \|x\|_0 < \varepsilon \qquad (2\text{-}27)$$

进一步，根据拉格朗日乘子定理，存在一个适当的常数 λ，使得问题(2-26)和(2-27)等价于以下无约束极小化问题：

$$\hat{x} = L(x, \lambda) = \arg\min_{x} \frac{1}{2}\|y - Dx\|_2^2 + \lambda\|x\|_0 \tag{2-28}$$

其中，λ 为与 $\|x\|_0$ 相关的拉格朗日乘子。

2. l_1 范数最小化的稀疏表示

l_1 范数起源于 LASSO 问题，已被广泛用于解决机器学习、模式识别和统计学中的问题。尽管基于 l_0 范数最小化的稀疏表示方法可以获得矩阵 D 上 x 的基本稀疏解，但该问题仍是一个非确定性多项式时间复杂性类(non-deterministic polynomial time complexity class，NP)问题，且求解困难。

有学者证明了当使用 l_1 范数最小化约束得到的闭式解也满足稀疏性条件时，使用稀疏性充分的 l_1 范数最小化得到的解可以等价于使用全概率 l_0 范数最小化得到的解。此外，l_1 范数优化问题具有解析解，并且可以在多项式时间内求解。因此，大量的 l_1 范数最小化稀疏表示方法被提出来以丰富稀疏表示理论，这使得 l_1 范数最小化的稀疏表示得到广泛应用。

相应地，与 l_0 范数最小化稀疏表示类似，l_1 范数最小化稀疏表示的常见表达式一般用于解决以下问题：

$$\hat{x} = \arg\min_{x}\|x\|_1 \quad \text{s.t.} \; y = Dx \tag{2-29}$$

$$\hat{x} = \arg\min_{x}\|x\|_1 \quad \text{s.t.}\|y - Dx\|_2^2 < \varepsilon \tag{2-30}$$

或

$$\hat{x} = \arg\min_{x}\|y - Dx\|_2^2 \quad \text{s.t.}\|x\|_1 < \tau \tag{2-31}$$

$$\hat{x} = L(x, \lambda) = \arg\min_{x} \frac{1}{2}\|y - Dx\|_2^2 + \lambda\|x\|_1 \tag{2-32}$$

其中，λ 和 τ 均为较小的正常数。

3. l_p 范数 $(0 < p < 1)$ 最小化的稀疏表示

一般的稀疏表示方法是求解一个具有 l_p 范数最小化问题的线性表示系统。除了 l_0 范数最小化和 l_1 范数最小化，一些研究者还尝试用 l_p 范数 $(0 < p < 1)$ 最小化来解决稀疏表示问题，特别是 $p=0.1$、$1/2$、$1/3$ 或 0.9。即 l_p 范数 $(0 < p < 1)$ 最小化的稀疏表示问题是求解以下问题：

$$\hat{x} = \arg\min_{x} \|x\|_p^p \quad \text{s.t.} \|y - Dx\|_2^2 < \varepsilon \tag{2-33}$$

或

$$\hat{x} = L(x, \lambda) = \arg\min_{x} \frac{1}{2}\|y - Dx\|_2^2 + \lambda\|x\|_p^p \tag{2-34}$$

尽管 l_p 范数 $(0 < p < 1)$ 最小化的稀疏表示方法并不是获得稀疏闭式解的主流方法，但它极大地影响了稀疏表示理论的改进。

4. $l_{2,1}$ 范数最小化的稀疏表示

通过 l_2 范数最小化得到的闭式解不是严格稀疏的，它只能得到一个"有限稀疏"的闭式解，即该解具有判别性和可区分性，但并不真正足够稀疏。l_2 范数最小化稀疏表示方法的目标函数是解决以下问题：

$$\hat{x} = \arg\min_{x} \|x\|_2^2 \quad \text{s.t.} \|y - Dx\|_2^2 < \varepsilon \tag{2-35}$$

$$\hat{x} = L(x, \lambda) = \arg\min_{x} \frac{1}{2}\|y - Dx\|_2^2 + \lambda\|x\|_2^2 \tag{2-36}$$

另外，$l_{2,1}$ 范数也称为旋转不变 l_1 范数，它的提出是为了克服对异常值的鲁棒性。基于 $l_{2,1}$ 范数最小化稀疏表示问题的目标函数是求解以下问题：

$$\arg\min_{X} \frac{1}{2}\|Y - DX\|_{2,1} + \lambda\|X\|_{2,1} \tag{2-37}$$

其中，Y 为由样本组成的矩阵；X 为 D 对应的系数矩阵。

2.3　全变分先验

近年来，全变分(total variation，TV)正则化已经成为图像处理中一种很有前途的技术。因为它不仅可以有效保护图像的边界信息，还可以表示空间平滑信息，它可以保证图像的空间稀疏性。下面介绍一些不同形式的 TV。

2.3.1　二维全变分

大多数自然图像中的像素与其邻域像素值在空间上是相关的。对于二维图像 $X \in \mathbb{R}^{m \times n}$，TV 有两种数学定义，即各向同性 TV(isotropic TV)和各向异性 TV(anisotropic TV)，表示如下。

各向同性 TV：

$$\|X\|_{\mathrm{TV}}^{\mathrm{iso}} = \sqrt{\left(D_x X\right)^2 + \left(D_y X\right)^2} \tag{2-38}$$

各向异性 TV：

$$\|X\|_{\mathrm{TV}}^{\mathrm{ani}} = \left\|D_x X\right\|_1 + \left\|D_y X\right\|_1 \tag{2-39}$$

其中，D_x 和 D_y 分别为水平和垂直二维有限差分算子。理论分析表明，这两种定义具有不同的功能。各向同性 TV，即每个梯度的平方和适合描述高斯分布，可以有效地检测和消除高斯随机噪声；而各向异性 TV 中，每个梯度的绝对值之和适用于描述拉普拉斯分布，可以用来消除椒盐噪声和脉冲噪声。

对于三维的高光谱图像(hyperspctral image，HSI)，每一个波段都可以看成是一幅灰度图像，而且相邻波段存在的光谱相关，文献[11]提出空间光谱全变分(spatial-spectral total variation，SSTV)模型为

$$\mathrm{SSTV}(X) = \left\|D_x X D\right\|_1 + \left\|D_y X D\right\|_1 \tag{2-40}$$

其中，$X \in \mathbb{R}^{m \times n \times b}$ 为高光谱图像($\mathcal{X} \in \mathbb{R}^{m \times n \times b}$，$m$、$n$ 和 b 分别为长、宽和波段数)的矩阵展开形式；$D \in \mathbb{R}^{b \times b}$ 为施加在每个像素光谱特征上的一维有限差分算子，使得在第 i 个像素处的离散梯度为 $\alpha_i = \left(D^{\mathrm{T}} z\right)_i = z_{i+1} - z_i$，其中，$z$ 代表一个像素的光谱特征，$\alpha \in \mathbb{R}^{b \times 1}$ 且在边界处为 α_b。显然，该模型同时探索了空间维和光谱维的相关性。由于此定义中的 X 为张量 $\mathcal{X}$ 的矩阵展开形式，因此，该

SSTV 也可以看成二维全变分(2DTV)。

2.3.2 三维全变分

这里的三维全变分(3DTV)指的是三阶张量数据的三维全变分，对于高光谱图像，要同时关注两个空间维和一个光谱维的平滑结构。当把高光谱图像的每一个波段看成一幅灰度图像时，将全变分范数(2-38)或者式(2-39)应用于每个波段，然后相加。这种逐波段全变分模型只探索空间平滑性，忽略了不同波段的光谱特征和灰度图像的高度相关性。对于高光谱图像，其相邻的两个波段图像通常非常相似，表明光谱一致性。因此，可以通过同时增强空间分段平滑性和光谱一致性来去除噪声。对于一个高光谱图像立方体 $\mathcal{X}$ ，其各向异性 SSTV (aniSSTV)范数可表示为[12]

$$\|\mathcal{X}\|_{\text{SSTV}}^{\text{ani}} = \|D_x\mathcal{X}\|_1 + \|D_y\mathcal{X}\|_1 + \|D_z\mathcal{X}\|_1 \tag{2-41}$$

其中，D_z 为沿光谱维的差分算子。带有周期边界条件算子 D_x、D_y 和 D_z 的定义如下：

$$\begin{cases} D_x\mathcal{X} = \mathcal{X}(i+1,j,k) - \mathcal{X}(i,j,k) \\ D_y\mathcal{X} = \mathcal{X}(i,j+1,k) - \mathcal{X}(i,j,k) \\ D_z\mathcal{X} = \mathcal{X}(i,j,k+1) - \mathcal{X}(i,j,k) \end{cases} \tag{2-42}$$

通过使用式(2-41)，可以在空间维和光谱维上探索高光谱图像的分段光滑结构，且每个维度梯度信息的贡献度是相同的。然而，不同方向的梯度强度可能不相同。因此，将式(2-41)推广到以下加权各向异性 SSTV 正则化形式(为了方便表示，仍用 $\|\mathcal{X}\|_{\text{SSTV}}^{\text{ani}}$)：

$$\|\mathcal{X}\|_{\text{SSTV}}^{\text{ani}} = \tau_x\|D_x\mathcal{X}\|_1 + \tau_y\|D_y\mathcal{X}\|_1 + \tau_z\|D_z\mathcal{X}\|_1 \tag{2-43}$$

其中，τ_x、τ_y 和 τ_z 为正则化参数，用来权衡梯度范数在不同方向上的贡献。当 $\tau_x = \tau_y = \tau_z = 1$ 时，式(2-43)退化为式(2-41)。当 $\tau_x = \tau_y = 1$ 时，意味着两个空间维对 aniSSTV 正则化的贡献相同。从张量的角度来看，aniSSTV 正则化可以充分考虑空域和光谱域的稀疏先验。关于各向同性 SSTV(isoSSTV)，文献[12]给出其形式为

$$\|\mathcal{X}\|_{\text{SSTV}}^{\text{iso}} = \sqrt{\tau_x\|D_x\mathcal{X}\|^2 + \tau_y\|D_y\mathcal{X}\|^2 + \tau_z\|D_z\mathcal{X}\|^2} \tag{2-44}$$

为了同时在空域和光谱域提供更近似的稀疏先验表示，从而有望能够更有效地抑制图像中的混合噪声，通过结合 aniSSTV 和 isoSSTV，文献[13]提出 L_{1-2}SSTV，定义为

$$\|\mathcal{X}\|_{L_{1-2}\text{SSTV}} = \|\mathcal{X}\|_{\text{SSTV}}^{\text{ani}} - \alpha\|\mathcal{X}\|_{\text{SSTV}}^{\text{iso}} \tag{2-45}$$

其中，α 为正则化参数。为了去除条带噪声，文献[14]提出了一种自适应各向异性全变分(adaptive anisotropic total variation，AATV)来进行全变分正则化，从而使纹理信息保留在无横纹的区域内。设计自适应各向异性全变分的关键思想是其正则化参数由条纹的梯度控制，这样就不会对没有条纹梯度的区域施加全变分约束。由于沿垂直条纹没有垂直梯度，自适应全变分正则化只在光谱和水平方向应用。所提出的 AATV 定义为

$$\|\mathcal{X}\|_{\text{AATV}} = \|\Lambda_1 \nabla_x \mathcal{X}\|_1 + \|\Lambda_2 \nabla_z \mathcal{X}\|_1 \tag{2-46}$$

$$\begin{cases} \Lambda_1 = \min\{|\nabla_x \mathcal{S}|, \mu_x\} \\ \Lambda_2 = \min\{|\nabla_z \mathcal{S}|, \mu_z\} \end{cases} \tag{2-47}$$

$$\begin{cases} \nabla_x \mathcal{X} = D_x * \mathcal{X}, \quad \nabla_x \mathcal{S} = D_x * \mathcal{S} \\ \nabla_z \mathcal{X} = D_z * \mathcal{X}, \quad \nabla_z \mathcal{S} = D_z * \mathcal{S} \end{cases} \tag{2-48}$$

其中，$\|\mathcal{X}\|_{\text{AATV}}$ 为干净图像 $\mathcal{X}$ 上的 AATV 约束；$\mathcal{S}$ 为条带；Λ_1 和 Λ_2 为正则化参数张量，由条纹的空间水平和光谱梯度控制，以自适应控制全变分最小化；符号 ∇_x 和 ∇_z 分别表示沿水平和光谱方向的梯度算子；最小阈值函数 $\min\{\theta,\varphi\}$ 返回 θ 和 φ 的最小值，避免了正则化参数过大可能导致的过平滑；μ_x 和 μ_z 分别为限制全变分正则化在水平和光谱方向上的阈值；$*$ 为循环卷积操作；D_x 和 D_z 分别为水平方向梯度和光谱方向梯度的掩模。

对于高光谱图像，只要原始数据是低秩的，那么高光谱图像的梯度图不仅是稀疏的，且具有低秩结构。此外，这种低秩性在梯度域会得到极大的增强。基于这些事实，文献[15]提出了全变分正则化来同时刻画梯度图的稀疏性和低秩先验，即各向同性低秩导向空间光谱全变分(low-rank guided SSTV，LRSTV)和各向异性 LRSTV 定义为

$$\|\mathcal{X}\|_{\text{LRSTV}}^{\text{ani}} = \sum_{n=1}^{3}\left(\tau_n\|D_n\mathcal{X}\|_1 + \alpha_n\|D_n\mathcal{X}\|_*\right) \tag{2-49}$$

$$\|\mathcal{X}\|_{\mathrm{LRSTV}}^{\mathrm{iso}} = \sqrt{\sum_{n=1}^{3} \tau_n \|D_n \mathcal{X}\|^2} + \sum_{n=1}^{3} \alpha_n \|D_n \mathcal{X}\|_* \tag{2-50}$$

其中，τ_n 和 α_n 为非负正则化参数；$\|\cdot\|_*$ 表示张量核范数；$D_n (n=1,2,3)$ 为梯度算子。所提出的 LRSTV 可以看成经典 SSTV 的推广，即 SSTV 是 LRSTV 的一个特例。当系数 α_n 为 0 时，LRSTV 退化为 SSTV。值得指出的是，LRSTV 不仅对梯度图本身施加了稀疏性，而且沿光谱维对梯度图进行低维子空间表征。显然，该正则项自然地编码了梯度图的稀疏性和低秩先验，因此有望比普通的 SSTV 更忠实地反映原始图像的内在结构。

2.4 低 秩 先 验

低秩先验从数据表达的维度上分为矩阵低秩(阶数为 2)和张量低秩(阶数大于等于 3)，而从低秩的刻画方面又可以分为低秩分解(或称因子化)和秩函数逼近[16]。

2.4.1 矩阵低秩

首先回顾一下《线性代数》教材中常见的矩阵的秩的定义。

假设矩阵 A 中有一个不等于 0 的 r 阶子式 D，且所有 $r+1$ 阶子式(如果存在)全等于 0，那么 D 称为矩阵 A 的最高阶非零子式，数 r 称为矩阵 A 的秩，记作 $R(A)$。并规定零矩阵的秩等于 0。

在图像处理中，根据矩阵秩的定义，若将二维灰度图像看成一个矩阵，则其基的数量越少，基对应的线性无关向量就越少，从而矩阵的秩就越小。当矩阵的秩远远小于矩阵行(列)大小时，可以认为该图像是低秩的。低秩矩阵的每一行或者每一列都可以用其他的行或者列线性表示，这说明这个矩阵包含了大量的冗余信息。利用这种冗余信息可以对缺失图像信息进行恢复、将异常的噪声信息去除，还可以对错误的图像信息进行恢复。

在高光谱图像处理中，少量纯光谱端元的线性组合可以用来近似表示高光谱图像的每个光谱特征，这表明不同空间像素在光谱维上的高度相关性。低秩正则化是刻画高相关特性的有力工具，将高光谱图像 $\mathcal{X}$ 按照光谱维展开得到矩阵 $X_{(3)}$。此时，对高光谱图像的低秩约束通常刻画为 $R(X) = \mathrm{rank}\left(X_{(3)}\right)$，其中，$\mathrm{rank}(\cdot)$ 为非零奇异值的个数。由于秩最小化问题是 NP 问题，所以大多数工作都致力于寻找不同类型的低秩正则化逼近函数(范数)。

1. 核范数

核范数(nuclear norm)是一种常用的秩近似凸替代函数，表示为 $X_{(3)}$ 的奇异值之和：

$$\left\| X_{(3)} \right\|_* = \sum_{i=1}^{\min\{MN,B\}} \sigma_i\left(X_{(3)}\right) \tag{2-51}$$

其中，$\sigma_i\left(X_{(3)}\right)$ 为 $X_{(3)}$ 的第 i 个最大奇异值。核范数的主要优点是它是一个凸函数，但在实际中不能很好地逼近秩，因为所有奇异值都被同等对待并同时最小化。

为了提高核范数的性能并克服其缺点，加权核范数被提出来近似秩，其表达式为

$$\left\| X_{(3)} \right\|_{w,*} = \sum_{i=1}^{\min\{MN,B\}} w_i \sigma_i\left(X_{(3)}\right) \tag{2-52}$$

其中，权重 $w_i = 1 \big/ \left(\sigma_i\left(X_{(3)}\right) + \varepsilon\right)$，$\varepsilon$ 为一个很小的常数。对奇异值设置不同的权重可以提高核范数最小化秩逼近的灵活性。

2. 对数范数[17]

对于一个对称正定/半正定矩阵 $X \in \mathbb{R}^{n \times n}$，秩最小化问题可以通过极小化以下泛函近似求解：

$$E(X,\varepsilon) \doteq \mathrm{logdet}(X + \varepsilon I) \tag{2-53}$$

其中，ε 为一个很小的常数。注意，此函数 $E(X,\varepsilon)$ 近似为奇异值的对数之和。因此，$E(X,\varepsilon)$ 函数是光滑非凸的。$\mathrm{logdet}(\cdot)$ 作为秩的非凸替代，从信息论的角度，也有更严谨的理论保证。图 2-11 给出了标量情形下非凸替代函数、秩和核范数的比较。由图 2-11 可以看出，替代函数 $E(X,\varepsilon)$ 比核范数能更好地逼近秩。

当矩阵 $L \in \mathbb{R}^{n \times m}(n \leqslant m)$ 既非方阵，也非正的半正定矩阵时，式(2-53)可重写为

$$H(L,\varepsilon) \doteq \mathrm{logdet}\left(\left(LL^{\mathrm{T}}\right)^{1/2} + \varepsilon I\right) = \mathrm{logdet}\left(U\Sigma^{1/2}U^{-1} + \varepsilon I\right) = \mathrm{logdet}\left(\Sigma^{1/2} + \varepsilon I\right) \tag{2-54}$$

其中，Σ 为矩阵 LL^{T} 的特征值，作为对角元素构成的对角矩阵，即 $LL^{\mathrm{T}} =$

$U\Sigma^{1/2}U^{-1}$，且 $\Sigma^{1/2}$ 是对角元素为矩阵 L 奇异值的对角矩阵。因此，可以看出 $H(L,\varepsilon)$ 是通过令 $X=\left(LL^{\mathrm{T}}\right)^{1/2}$ 得到的秩 $\mathrm{rank}(L)$ 的 $\mathrm{logdet}(\cdot)$ 替代函数。

3. Schatten p 范数

秩逼近的另一类一般形式是 Schatten p 范数 $(0\leqslant p\leqslant 1)$[17,18]，其表达式为

$$\left\|X_{(3)}\right\|_{S_p}=\left(\sum_{i=1}^{\min\{MN,B\}}\sigma_i^{\,p}\left(X_{(3)}\right)\right)^{1/p} \tag{2-55}$$

在边界情形下，当 $p=1$ 和 $p=0$ 时，Schatten p 范数分别退化为核范数和秩函数。对于 $0<p<1$，Schatten p 范数是秩函数的非凸替代近似。因此，Schatten p 范数是秩最小化与核范数之间的秩逼近，其中 $0<p<1$。

4. γ 范数

受信号和图像处理非凸正则化卓越性能的启发，引入非凸矩阵秩近似（非凸 γ 范数）为

$$\left\|X_{(3)}\right\|_{\gamma}=\sum_{i=1}^{\min\{MN,B\}}\left(1-\mathrm{e}^{-\sigma_i(X_{(3)})/\gamma}\right) \tag{2-56}$$

其中，$\gamma>0$。图 2-11 展示了使用不同的函数对秩函数进行逼近，γ、δ 和 p 分别设置为 0.1、10^{-6} 和 0.3，对于非零的 σ_i，真实秩为 1。

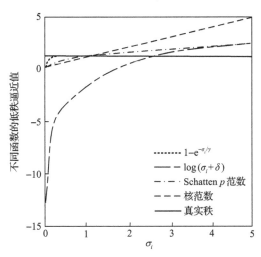

图 2-11　使用不同的函数对秩函数进行逼近

容易观察到，当奇异值大于 1 时，核范数、对数行列式函数（用曲线

$-\log(\sigma_i+\delta)$表示)和 Schatten p 范数显著偏离 1，表明它们过度收缩了秩分量。相比之下，γ 范数(用曲线 $1-e^{-\sigma_i/\gamma}$ 表示)与真实秩非常吻合，这意味着 γ 范数比它们更好地逼近秩函数。

2.4.2 张量低秩

张量低秩先验可以从两个方面刻画，一种是低秩分解，另一种是用范数进行张量秩的逼近。

1. CP 秩和 Tucker 秩

在张量秩的定义中，CP 秩和 Tucker 秩是张量秩的两个最典型的定义。CP 秩定义为表示一个张量所需的秩 1 张量的最小数目，即

$$\operatorname{rank}_{\mathrm{CP}}(\mathcal{X}) = \min\left\{ r \mid \mathcal{X} = \sum_{i=1}^{r} a_i^1 \circ a_i^2 \circ \cdots \circ a_i^N \right\}, \quad a_i^k \in \mathbb{R}^{(n_k)} \tag{2-57}$$

其中，$\mathcal{X}$ 为一个 N 阶张量；$\circ$ 表示向量外积。虽然 CP 秩的度量与矩阵秩的度量一致，但很难建立可解的松弛形式。

Tucker 秩定义为一个向量，向量的第 k 个元素为模-k 展开矩阵的秩，即

$$\operatorname{rank}_{\mathrm{Tucker}}(\mathcal{X}) = \left(\operatorname{rank}(X_{(1)}), \operatorname{rank}(X_{(2)}), \cdots, \operatorname{rank}(X_{(N)}) \right) \tag{2-58}$$

其中，$X_{(k)}(k=1,2,\cdots,N)$ 为 $\mathcal{X}$ 的模-k 展开矩阵。

为了有效地最小化 Tucker 秩，考虑其凸松弛(也称为张量迹范数(tensor trace norm，TTN))，定义为展开矩阵的核范数之和，即

$$\|\mathcal{X}\|_{\mathrm{TTN}} = \sum_{k=1}^{N} \alpha_k \|X_{(k)}\|_* \tag{2-59}$$

其中，$\sum_{k=1}^{N} \alpha_k = 1$，$\alpha_k > 0$，$k=1,2,\cdots,N$。

TTN 可以通过调整权值 α_k 灵活地利用不同模之间的相关性，当张量沿着一个模展开为矩阵时，其他模的结构信息不可避免地会被破坏。因此，TTN 在保持张量的内在结构方面面临着困难。

2. 多线性秩[19,20]

张量 $\mathcal{X} \in \mathbb{R}^{n_1 \times n_2 \times n_3}$ 的多线性秩是一个向量，其中第 i 个元素为 $\hat{X}^{(i)}$ 的秩，即

$$\text{rank}_m(\mathcal{X}) = \left(\text{rank}\left(\hat{X}^{(1)}\right), \text{rank}\left(\hat{X}^{(2)}\right), \cdots, \text{rank}\left(\hat{X}^{(n_3)}\right)\right) \in \mathbb{R}^{n_3} \tag{2-60}$$

其中，$\hat{X}^{(i)}$ 为 $\bar{\mathcal{X}}$ 的第 i 个前向切片，$\bar{\mathcal{X}}$ 为通过对 $\mathcal{X}$ 的每一个管进行离散傅里叶变换生成的。

3. 管秩

对于 $\mathcal{X} \in \mathbb{R}^{n_1 \times n_2 \times n_3}$，$\mathcal{X}$ 的张量管秩记为 $\text{rank}_t(\mathcal{X})$，定义为 $\mathcal{S}$ 的非零奇异管的数目，即

$$\text{rank}_t(\mathcal{X}) = \#(i, \mathcal{S}(i,i,:) \neq 0) \tag{2-61}$$

其中，$\mathcal{S}$ 为 t-SVD $(\mathcal{X} = \mathcal{U} * \mathcal{S} * \mathcal{V}^*)$ 中的 f-对角张量。值得注意的是，管秩和多线性秩满足 $\text{rank}_t(\mathcal{X}) = \max\{\text{rank}_m(\mathcal{X})\}$。

4. 模-k 张量管秩和模-k 多线性秩

对于三阶张量 $\mathcal{X} \in \mathbb{R}^{n_1 \times n_2 \times n_3}$，$\mathcal{X}$ 的模-k 张量管秩 $\text{rank}_{f_k}(\mathcal{X})$ 定义为 $\mathcal{S}_k$ 的非零管个数，其中，$\mathcal{S}_k$ 来自 $\mathcal{X}$ 的模-k t-SVD，即 $\mathcal{X} = \mathcal{U}_k * \mathcal{S}_k * \mathcal{V}_k^*$。

张量 $\mathcal{X}$ 的模-k 多线性秩是一个向量 $\text{rank}_{m_k}(\mathcal{X}) \in \mathbb{R}^{n_k}$，其第 i 个元素为 $\bar{\mathcal{X}}_{(k)}$ 的第 i 个模-k 切片的秩，其中 $\bar{\mathcal{X}}_{(k)} = \text{fft}(\mathcal{X}, [], k)$。进一步，有 $\text{rank}_{f_k}(\mathcal{X}) = \max\{\text{rank}_{m_k}(\mathcal{X})\}$。

实际上，张量管秩/多线性秩就是张量模-3 纤维秩/多线性秩。由于直接最小化张量管秩/多线性秩是 NP 问题，可用张量核范数(tensor nuclear norm，TNN)作为它们的凸替代，定义如下。

5. 张量核范数

张量 $\mathcal{X} \in \mathbb{R}^{n_1 \times n_2 \times n_3}$ 的核范数记为 $\|\mathcal{X}\|_*$，定义为 $\bar{\mathcal{X}}$ 的所有正面切片的核范数的平均值，即

$$\|\mathcal{X}\|_* = \frac{1}{n_3} \sum_{i=1}^{n_3} \left\|\hat{X}^{(i)}\right\|_* \tag{2-62}$$

上述 TNN 定义在傅里叶变换域中，它与原始域上分块循环矩阵的核范数密切相关，即

$$\|\mathcal{X}\|_* = \frac{1}{n_3} \sum_{i=1}^{n_3} \|\hat{X}^{(i)}\|_* = \frac{1}{n_3} \|\bar{X}\|_* = \frac{1}{n_3} \left\| \left(F_{n_3} \otimes I_{n_1}\right) \cdot \mathrm{bcirc}(\mathcal{X}) \cdot \left(F_{n_3}^{-1} \otimes I_{n_2}\right) \right\|_* = \frac{1}{n_3} \|\mathrm{bcirc}(\mathcal{X})\|_*$$

$$(2\text{-}63)$$

上述关系给出了原始域上 TNN 的一个等价定义。尽管 TNN 在保持张量的内在结构方面表现出了有效性，但它有两个明显的缺点：一是它不能应用于 N 阶张量 $(N > 3)$，二是它缺乏必要的灵活性来处理不同的模，特别是模-3 的相关性。具体来说，在 t-SVD 框架下，对于一个三阶张量，沿第一和第二模的相关性由矩阵 SVD 表征，而沿第三模的相关性由嵌入的循环卷积编码。然而，大多数真实世界的数据在不同的模式下具有不同的相关性，例如，高光谱图像在其光谱模下的相关性应该远远强于其空间模下的相关性。因此，类似于 TTN，将每个模的 TTN 进行加权组合，有望弥补这一缺陷。

6. N-管秩(N-tubal rank)及权重张量核范数

为了将 t-SVD 应用于 N 阶张量$(N \geqslant 3)$，同时更加灵活地表征不同模之间的相关性，定义张量矩阵化算子的一个三阶扩展，命名为模-$k_1 k_2$ 张量展开$(k_1 < k_2)$，它是将 N 阶张量 $\mathcal{X} \in \mathbb{R}^{n_1 \times n_2 \times \cdots \times n_N}$ 的模-$k_1 k_2$ 切片字典式地叠加到一个三阶张量 $\mathcal{X}_{(k_1 k_2)} \in \mathbb{R}^{n_{k_1} \times n_{k_2} \times \prod_{s \neq k_1, k_2} n_s}$ 的前向切片上的过程。并且提出了一种新的张量秩，称为张量 N-管秩，它是由所有模-$k_1 k_2$ 展开张量的管秩组成的向量，即

$$\begin{aligned} N\text{-rank}_t(\mathcal{X}) = \Big(&\mathrm{rank}_t\big(\mathcal{X}_{(12)}\big), \mathrm{rank}_t\big(\mathcal{X}_{(13)}\big), \cdots, \mathrm{rank}_t\big(\mathcal{X}_{(1N)}\big), \mathrm{rank}_t\big(\mathcal{X}_{(23)}\big), \\ &\cdots, \mathrm{rank}_t\big(\mathcal{X}_{(2N)}\big), \cdots, \mathrm{rank}_t\big(\mathcal{X}_{(N-1N)}\big) \Big) \in \mathbb{R}^{N(N-1)/2} \end{aligned}$$

$$(2\text{-}64)$$

为了有效最小化张量 N-管秩，类似于加权核范数，张量核范数加权和(weighted sum of TNN，WSTNN)被引入，首先对每个模-$k_1 k_2$ 展开，然后对张量进行 TNN 加权和，即

$$\|\mathcal{X}\|_{\mathrm{WSTNN}} = \sum_{1 < k_1 < k_2 < N}^{n_3} \alpha_{k_1 k_2} \left\| \mathcal{X}_{(k_1 k_2)} \right\|_{\mathrm{TNN}}$$

$$(2\text{-}65)$$

其中，$\alpha_{k_1 k_2} > 0 \big(1 < k_1 < k_2 < N, \ k_1, k_2 \in \mathbb{Z}\big)$，$\displaystyle\sum_{1 < k_1 < k_2 < N}^{n_3} \alpha_{k_1 k_2} = 1$。

7. 模-k 核范数

张量 $\mathcal{X} \in \mathbb{R}^{n_1 \times n_2 \times n_3}$ 的模-k 核范数, 记为 $\|\mathcal{X}\|_{\mathrm{TNN}_k}$, 定义为所有模-$k$ 切片 $\bar{\mathcal{X}}_{(k)}$ 的奇异值之和, 即

$$\|\mathcal{X}\|_{\mathrm{TNN}_k} = \sum_{i=1}^{n_k} \left\| \left(\bar{X}_k \right)_k^{(i)} \right\|_* \tag{2-66}$$

对于三阶张量 $\mathcal{X} \in \mathbb{R}^{n_1 \times n_2 \times n_3}$, 其对应的三维 TNN(3DTTN)记为 $\|\mathcal{X}\|_{\mathrm{3DTNN}}$, 如下:

$$\|\mathcal{X}\|_{\mathrm{3DTNN}} = \sum_{k=1}^{3} \alpha_k \|\mathcal{X}\|_{\mathrm{TNN}_k} \tag{2-67}$$

其中, $\alpha_k > 0 (k=1,2,3)$, $\sum_{k=1}^{3} \alpha_k = 1$。

通过模-k 的置换运算, 可以得到 $\|\mathcal{X}\|_{\mathrm{TNN}_k} = \left\| \bar{\mathcal{X}}^k \right\|_{\mathrm{TNN}_3}$。这意味着 3DTNN 在数值上等于三重管状核范数。作为纤维秩的凸松弛, 3DTNN 可以提供高效的数值解。但它有两个缺点: 首先, 它度量了非零奇异值的 l_1 范数, 这并不能很好地近似纤维秩。其次, 它平等地对待每一个奇异值, 因此不能很好地保留主要信息。这是因为较大的奇异值通常对应轮廓、尖锐边缘、光滑区域等主要信息, 那么应对较小的奇异值进行较大收缩。因此, 三维对数张量核范数(3DLogTNN)作为拟纤维秩的非凸松弛, 可以克服上述两个缺点。

8. 模-k 对数张量核范数

张量 $\mathcal{X} \in \mathbb{R}^{n_1 \times n_2 \times n_3}$ 的模-k 对数张量核范数 (mode-k log TNN) 定义为

$$\mathrm{LogTNN}_k(\mathcal{X}, \varepsilon) = \sum_{i=1}^{n_k} \mathrm{LogMNN} \left(\left(\bar{X}_k \right)_k^{(i)}, \varepsilon \right) \tag{2-68}$$

其中, $\left(\bar{X}_k \right)_k^{(i)}$ 为 $\bar{\mathcal{X}}_{(k)}$ 的第 i 个模-k 切片, $\bar{\mathcal{X}}_{(k)} = \mathrm{fft}(\mathcal{X},[],k)$;

$$\mathrm{LogMNN}(X, \varepsilon) = \sum_{i=1}^{m} \log \left(\sigma_i(X) + \varepsilon \right) \tag{2-69}$$

其中, $\sigma_i(X)$ 为 X 的第 i 个奇异值; $\varepsilon > 0$ 为常数。

9. 3D 对数张量核范数

张量 $\mathcal{X} \in \mathbb{R}^{n_1 \times n_2 \times n_3}$ 的 3DLogTNN 定义为

$$3\text{DLogTNN}(\mathcal{X}, \varepsilon) = \sum_{k=1}^{3} \alpha_k \text{LogTNN}_k(\mathcal{X}, \varepsilon) \tag{2-70}$$

其中，$\alpha_k > 0 (k = 1, 2, 3)$，$\sum_{k=1}^{3} \alpha_k = 1$。

与 3DTNN 相比，3DLogTNN 具有两个优点。首先，它比 3DTNN 更接近于纤维秩。对数函数比 l_1 范数能更好地逼近 l_0 范数。因此，作为奇异值的对数函数之和，3DLogTNN 比 3DTNN 能更好地逼近纤维秩。其次，3DLogTNN 诱导的张量奇异值阈值(tensor singular value thresholding, t-SVT)对奇异值进行不同的处理，通过收缩较小的奇异值保留主要信息，收缩较大的奇异值抑制噪声。

参 考 文 献

[1] Kolda T G, Bader B W. Tensor decompositions and applications. SIAM Review, 2009, 51(3): 455-500.

[2] Kilmer M, Braman K S, Hao N, et al. Third-order tensors as operators on matrices: A theoretical and computational framework with applications in imaging. SIAM Journal on Matrix Analysis and Application, 2013, 34(1): 148-172.

[3] Kilmer M E, Martin C D. Factorization strategies for third-order tensors. Linear Algebra and Its Applications, 2011, 435(3): 641-658.

[4] 黄克智. 张量分析. 2 版. 北京: 清华大学出版社, 2003.

[5] Wang W, Aggarwal V, Aeron S. Effcient low rank tensor ring completion. IEEE International Conference on Computer Vision, Venice, 2017: 3697-3705.

[6] 董隽硕, 吴玲达, 郝红星. 稀疏表示技术与应用综述. 计算机系统应用, 2021, 30(7): 13-21.

[7] Bruckstein A M, Donoho D L, Elad M. From sparse solutions of systems of equations to sparse modeling of signals and images. SIAM Review, 2009, 51(1): 34-81.

[8] Donoho D L. Compressed sensing. IEEE Transactions on Information Theory, 2006, 52(4): 1306-1289.

[9] Cheng H, Liu Z C, Yang L, et al. Sparse representation and learning in visual recognition: Theory and applications. Signal Processing, 2013, 93(6): 1408-1425.

[10] Candes E, Rudelson M, Tao T, et al. Error correction via linear programming. 46th Annual IEEE Symposium on Foundations of Computer, Science, Pittsburgh, 2005: 668-681.

[11] Aggarwal H K, Majumdar A. Hyperspectral image denoising using spatio-spectral total variation. IEEE Geoscience and Remote Sensing Letters, 2016, 13(3): 442-446.

[12] Chan S H, Khoshabeh R, Gibson K B, et al. An augmented Lagrangian method for total variation video restoration. IEEE Transactions on Image Processing, 2011, 20(11): 3097-3111.

[13] Zeng H J, Xie X Z, Cui H J, et al. Hyperspectral image restoration via global $L_{1\text{-}2}$ spatial-spectral total variation regularized local low-rank tensor recovery. IEEE Transactions on Geoscience and Remote Sensing, 2021, 59(4): 3309-3325.

[14] Chang Y, Yan L X, Fang H Z, et al. Anisotropic spectral-spatial total variation model for multispectral remote sensing image destriping. IEEE Transactions on Image Processing, 2015, 24(6): 1852-1866.

[15] Zeng H J, Huang S G, Chen Y Y, et al. All of low-rank and sparse: A recast total variation approach to hyperspectral denoising. IEEE Journal of Selected Topics in Applied Earth Observations and Remote Sensing, 2023, 16: 7357-7373.

[16] Leon S J, de Pillis L G, de Pillis L. Linear Algebra with Applications. 10th ed. New York: Pearson Education, 2019.

[17] Lu C Y, Tang J H, Yan S C, et al. Nonconvex nonsmooth low rank minimization via iteratively reweighted nuclear norm. IEEE Transactions on Image Processing, 2016, 25(2): 829-839.

[18] Xie Y, Qu Y Y, Tao D C, et al. Hyperspectral image restoration via iteratively regularized weighted Schatten p-norm minimization. IEEE Transactions on Geoscience and Remote Sensing, 2016, 54(8): 4642-4659.

[19] Nie F P, Huang H, Ding C. Low-rank matrix recovery via efficient Schatten p-norm minimization. Proceedings of the AAAI Conference on Artificial Intelligence, Toronto, 2021: 655-661.

[20] Lu C Y, Feng J S, Chen Y D, et al. Tensor robust principal component analysis with a new tensor nuclear norm. IEEE Transactions on Pattern Analysis and Machine Intelligence, 2020, 42(4): 925-938.

第3章 基于深度学习的图像处理

3.1 深度学习基础概念

在神经网络广泛应用之前，模式识别都是靠人类工程技术将原始数据变换为适合计算机处理的格式。而神经网络可以从原始数据开始，利用反向传播算法自动学习出好的特征表示（从底层特征，到中层特征，再到高层特征）并将其抽象到网络的各个层次中，从而最终提升预测模型的准确率，这种多层的学习就被称为深度学习（deep learning，DL）。"深度"，是指原始数据进行非线性特征转换的次数。如果把一个表示学习系统看成一个有向图结构，深度也可以看成从输入节点到输出节点所经过的最长路径的长度。也就是说，深度学习是机器学习的一个子问题，其主要目的是从数据中自动学习到有效的特征表示[1]。

3.1.1 神经网络

深度学习采用的模型主要是神经网络模型，主要原因是神经网络模型可以使用误差反向传播算法，从而可以比较好地解决特征自动学习问题，同时能够较为容易地搭建起比较深的网络模型。随着深度学习的快速发展，模型深度也从早期的5～10层增加到目前的数百层。随着模型深度的不断增加，其特征表示的能力也越来越强，从而使后续的预测更加容易。

从机器学习的角度来看，神经网络一般可以看成一个非线性模型，其基本组成单元为具有非线性激活函数的神经元，通过大量神经元之间的连接，使得神经网络成为一种高度非线性的模型[2]。神经元之间的连接权重就是需要学习的参数，可以在机器学习的框架下通过梯度下降方法来进行学习。图 3-1 展示了单个神经元模型。

假设此时输入信息为 $x_1, x_2, \cdots, x_n$，其对应的权重分别为 $w_1, w_2, \cdots, w_n$，对应的偏置为 b（图 3-1 中用 w_{n+1} 表示），激活函数 h 对应的输出为 $h_{w,b}(x)$。则该神经元的输出为

$$h_{w,b}(x) = f\left(W^{\mathrm{T}}x\right) = f\left(\sum_{i=1}^{n} w_i x_i + b\right) \tag{3-1}$$

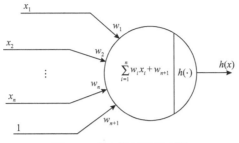

图 3-1　单个神经元模型[2]

可以看出神经元通过一个非线性的函数 $h_{w,b}(x)$ 来拟合输入到输出的变换，其中激活函数前的变换是仿射变换，而激活函数则是非线性变换。但要实现复杂的函数变换，单一的神经元是远远不够的，需要很多神经元通过一定的连接方式或信息传递方式进行协作，目前常用的神经网络结构有以下三种。

1. 前馈网络

前馈网络中各个神经元按接收信息的先后分为不同的组。每一组可以看成一个神经层。每一层中的神经元接收前一层神经元的输出，并输出到下一层神经元。整个网络中的信息朝一个方向传播，没有反向的信息传播，可以用一个有向无环路图表示。前馈网络包括全连接前馈网络和卷积神经网络等。

前馈网络可以看成一个函数，通过简单非线性函数的多次复合，实现输入到输出的复杂映射。这种网络结构简单，易于实现。

2. 记忆网络

记忆网络，也称为反馈网络，网络中的神经元不但可以接收其他神经元的信息，也可以接收自己的历史信息。和前馈网络相比，记忆网络中的神经元具有记忆功能，在不同的时刻具有不同的状态。记忆网络中的信息传播可以是单向或双向，因此可用一个有向循环图或无向图来表示。记忆网络包括循环神经网络、霍普菲尔德神经网络、玻尔兹曼机、受限玻尔兹曼机等。

记忆网络可以看成一个程序，具有更强的计算和记忆能力。为了增强记忆网络的记忆容量，还可以引入外部记忆单元和读写机制，用来保存一些网络的中间状态，称为记忆增强神经网络（memory augmented neural network, MANN），如神经图灵机和记忆网络等。

3. 图网络

前馈网络和记忆网络的输入都可以表示为向量或向量序列。但实际应用中很多数据是图结构的数据，如知识图谱、社交网络、分子(molecular)网络等。前馈网络和记忆网络很难处理图结构的数据。图网络是定义在图结构数据上的神经网络。图中每个节点都由一个或一组神经元构成。节点之间的连接可以是有向的，也可以是无向的。

每个节点可以收到来自相邻节点或自身的信息。图网络是前馈网络和记忆网络的泛化，包含很多不同的实现方式，如图卷积网络(graph convolutional network，GCN)、图注意力网络(graph attention network，GAT)、消息传递神经网络(message passing neural network，MPNN)等。

3.1.2　梯度下降

大多数深度学习算法都涉及某种形式的优化。优化指的是改变 x 以最小化或最大化某个函数 $f(x)$ 。通常以最小化 $f(x)$ 指代大多数最优化问题。最大化可经由最小化算法最小化 $-f(x)$ 来实现。

需要最小化或最大化的函数称为目标函数(objective function)或准则(criterion)，当对其进行最小化时也把它称为代价函数(cost function)、损失函数(loss function)或误差函数(error function)。

假设有一个函数 $y = f(x)$ ，其中 x 和 y 是实数。这个函数的导数(derivative)记为 $f'(x)$ 或 $\mathrm{d}y$。导数 $f'(x)$ 代表 $f(x)$ 在点 x 处的斜率。换句话说，它表明如何缩放输入的小变化才能在输出获得相应的变化，即 $f(x+\epsilon) \approx f(x) + \epsilon f'(x)$ 。因此，想要最小化一个函数可以通过导数来判断如何更改 x 来略微改变 y。例如，$f(x-\epsilon \mathrm{sign}(f'(x)))$ 比 $f(x)$ 小，就可以将 x 向导数的反方向移动一小步来减小 $f(x)$ 。这种技术称为梯度下降(gradient descent)，如图 3-2 所示。

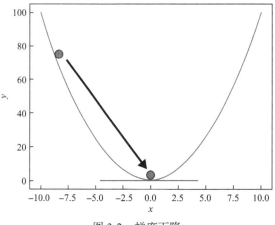

图 3-2　梯度下降

当 $f'(x)=0$ 时，导数无法提供往哪个方向移动的信息。$f'(x)=0$ 的点称为临界点（critical point）或驻点（stationary point）。一个局部极小（local minimum）点意味着这个点的 $f(x)$ 小于所有邻近点，因此不能通过移动无穷小的步长来减小 $f(x)$。一个局部极大（local maximum）点意味着这个点的 $f(x)$ 大于所有邻近点，因此不能通过移动无穷小的步长来增大 $f(x)$。有些临界点既不是最小点也不是最大点，如图 3-3 所示。

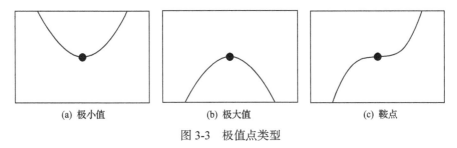

(a) 极小值　　　　　　(b) 极大值　　　　　　(c) 鞍点

图 3-3　极值点类型

使 $f(x)$ 取绝对的最小值（相对所有其他值）的点是全局最小（global minimum）点。函数可能只有一个全局最小点或存在多个全局最小点，还可能存在不是全局最优的局部极小点。在深度学习的实际应用中，要优化的函数可能含有许多不是最优的局部极小点，或者还有很多处于非常平坦区域内的鞍点。尤其当输入是多维的时候，所有这些都将使优化变得困难。因此，通常寻找使 f 非常小的点，但这在任何形式意义下并不一定是最小，如图 3-4 所示。

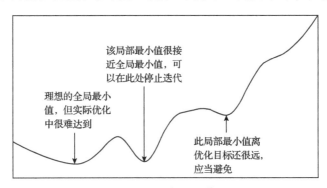

图 3-4　近似最小值

经常需最小化具有多维输入的函数：$f:\mathbb{R}^n \to \mathbb{R}$。为了使"最小化"的概念有意义，输出必须是一维的（标量）。

针对具有多维输入的函数，需要用到偏导数（partial derivative）的概念。偏导数 $\dfrac{\partial}{\partial x_i}f(x)$ 衡量点 x 处只有 x_i 增加时 $f(x)$ 如何变化。梯度（gradient）是相对一

个向量求导的导数，f 的导数是包含所有偏导数的向量，记为 $\nabla_x f(x)$。梯度的第 i 个元素是 f 关于 x_i 的偏导数。在多维情况下，临界点是梯度中所有元素都为零的点。

在 u（单位向量）方向的方向导数（directional derivative）是函数 f 在 u 方向的斜率。换句话说，方向导数是函数 $f(x+\alpha u)$ 关于 α 的导数（在 $\alpha=0$ 时取得）。使用链式法则，可以看到当 $\alpha=0$ 时：

$$\frac{\partial}{\partial \alpha} f(x+\alpha u) = u^{\mathrm{T}} \nabla_x f(x) \tag{3-2}$$

为了最小化 f，希望找到使 f 下降得最快的方向。计算方向导数：

$$\min_{u,u^{\mathrm{T}}u=1} u^{\mathrm{T}} \nabla_x f(x)$$
$$= \min_{u,u^{\mathrm{T}}u=1} \|u\|_2 \nabla_x f(x)_2 \cos\theta \tag{3-3}$$

其中，θ 为 u 与梯度的夹角。将 $\|u\|_2 =1$ 代入，并忽略与 u 无关的项，就能简化得到 $\min\limits_u \cos\theta$，在 u 与梯度方向相反时取得最小。因此，在负梯度方向上移动可以减小 f，这就称为最速下降法（method of steepest descent）或梯度下降法。根据梯度下降法，迭代更新的 x 为

$$x' = x - \epsilon \nabla_x f(x) \tag{3-4}$$

其中，ϵ 为学习率（learning rate），是一个确定步长大小的正标量。选择 ϵ 的方式有很多种，普遍的方式是选择一个小常数。还有一种方法是根据几个 ϵ 计算 $f(x-\epsilon\nabla_x f(x))$，并选择其中能产生最小目标函数值的 ϵ，这种策略称为线搜索。最速下降在梯度的每一个元素为零时收敛（或在实践中，很接近零时）。

虽然梯度下降被限制在连续空间中的优化问题，但不断向更好的情况移动一小步（即近似最佳的小移动）的一般概念可以推广到离散空间，因此梯度下降的概念也被深度学习所采用。

3.1.3 反向传播

当使用前馈神经网络接收输入 x 并产生输出 $\hat{y}$ 时，信息通过网络向前流动。输入 x 提供初始信息，然后传播到每一层的隐含单元，最终产生输出 $\hat{y}$，这称为前向传播（forward propagation）。在训练过程中，前向传播可以持续向前直到它产生一个标量代价函数 $J(\theta)$。反向传播（back propagation）算法，允许来自代

价函数的信息通过网络向后流动，以便计算梯度。反向传播这个术语经常被误解为仅适用于多层神经网络的整个学习算法。但实际上，它可以计算任何函数的导数。

微积分中的链式法则(为了不与概率论中的链式法则相混淆)用于计算复合函数的导数。反向传播是一种计算链式法则的算法，使用高效的特定运算顺序。

设 x 是实数，f 和 g 是从实数映射到实数的函数。假设 $y = g(x)$ 并且 $z = f(g(x)) = f(y)$。那么链式法则如下：

$$\frac{\mathrm{d}z}{\mathrm{d}x} = \frac{\mathrm{d}z}{\mathrm{d}y}\frac{\mathrm{d}y}{\mathrm{d}x} \tag{3-5}$$

可以将这种标量情况进行扩展。假设 $x \in \mathbb{R}^m$，$y \in \mathbb{R}^n$ 是从 $\mathbb{R}^m$ 到 $\mathbb{R}^n$ 的映射，f 是从 $\mathbb{R}^n$ 到 $\mathbb{R}$ 的映射。如果 $y = g(x)$ 并且 $z = f(y)$，则

$$\frac{\partial z}{\partial x_i} = \sum_j \frac{\partial z}{\partial y_j}\frac{\partial y_j}{\partial x_i} \tag{3-6}$$

使用向量记法，可以等价地写为

$$\nabla_x z = \left(\frac{\partial y}{\partial x}\right)^{\mathrm{T}} \nabla_y z \tag{3-7}$$

其中，$\frac{\partial y}{\partial x}$ 为 g 的 $n \times m$ 雅可比矩阵。

从这里可以看到，变量 x 的梯度可以通过雅可比矩阵 $\frac{\partial y}{\partial x}$ 和梯度 $\nabla_y z$ 相乘来得到。使用链式法则，可以直接写出某个标量关于计算图中任何产生该标量的节点的梯度代数表达式。反向传播算法在实际运算中会存储上一层节点计算得到的梯度，并递归地将梯度向前传递，直到 x。通过存储中间结果，反向传播算法节省了大量的算力，使得深层网络的训练变得可能。

3.2　深度学习基本模块

3.2.1　归一化

逐层归一化(layer-wise normalization)是将传统机器学习中的数据归一化方法应用到深度神经网络中，对神经网络中隐含层的输入进行归一化，从而使网络更容易训练。

逐层归一化可以有效提高训练效率的原因有以下两个方面。

1. 更好的尺度不变性

在深度神经网络中，一个神经层的输入是之前神经层的输出。给定一个神经层 l，它之前的神经层$(1, 2, \cdots, l-1)$的参数变化会导致其输入的分布发生较大的改变。当使用随机梯度下降来训练网络时，每次参数更新都会导致该神经层的输入分布发生改变。越高的层，其输入分布会改变得越明显。就像一栋高楼，低楼层发生一个较小的偏移，可能会导致高楼层较大的偏移。从机器学习角度来看，如果一个神经层的输入分布发生了改变，那么其参数需要重新学习，这种现象称为内部协变量偏移(internal covariate shift)。为了解决这个问题，可以对每一个神经层的输入进行归一化操作，使其分布保持稳定。把每个神经层的输入分布都归一化为标准正态分布，可以使得每个神经层对其输入具有更好的尺度不变性。不论低层的参数如何变化，高层的输入都保持相对稳定。另外，尺度不变性可以使人们更加高效地进行参数初始化以及超参数选择。

2. 更平滑的优化地形

逐层归一化一方面可以使大部分神经层的输入处于不饱和区域，从而让梯度变大，避免梯度消失问题；另一方面还可以使得神经网络的优化地形(optimization landscape)更加平滑，以及使梯度变得更加稳定，从而允许使用更大的学习率，并提高收敛速度。

下面介绍几种比较常用的逐层归一化方法：批量归一化、层归一化、权重归一化和局部响应归一化。

1) 批量归一化

批量归一化(batch normalization，BN)方法是一种有效的逐层归一化方法，可以对神经网络中任意的中间层进行归一化操作。对于一个深度神经网络，令第 l 层的净输入为 $z^{(l)}$，神经元的输出为 $a^{(l)}$，即

$$a^{(l)} = f\left(z^{(l)}\right) = f\left(Wa^{(l-1)} + b\right) \tag{3-8}$$

其中，$f(\cdot)$ 为激活函数；W 和 b 为可学习的参数。为了提高优化效率，就要使净输入 $z^{(l)}$ 的分布一致，如都归一化到标准正态分布。虽然归一化操作也可以应用在输入 $a^{(l)}$ 上，但归一化 $z^{(l)}$ 更加有利于优化。因此，在实践中归一化操作一般应用在仿射变换(affine transformation) $Wa^{(l-1)} + b$ 之后、激活函数之前。

值得一提的是，逐层归一化不但可以提高优化效率，还可以作为一种隐形的正则化方法。在训练时，神经网络对一个样本的预测不仅和该样本自身相关，也和同一批次中的其他样本相关。在选取批次时具有随机性，因此批量归一化可以使神经网络不会"过拟合"到某个特定样本，从而提高网络的泛化能力。

2) 层归一化

批量归一化是对一个中间层的单个神经元进行归一化操作，因此要求小批量样本的数量不能太小，否则难以计算单个神经元的统计信息。此外，如果一个神经元的净输入分布在神经网络中是动态变化的，如循环神经网络，那么就无法应用批量归一化操作。层归一化(layer normalization)是和批量归一化非常类似的方法。和批量归一化不同的是，层归一化是对一个中间层的所有神经元进行归一化操作。

3) 权重归一化

权重归一化(weight normalization)是对神经网络的连接权重进行归一化，通过重参数化(reparameterization)方法，连接权重分解为长度和方向两种参数。由于在神经网络中权重经常是共享的，权重数量往往比神经元数量要少，因此权重归一化的开销会比较小。

4) 局部响应归一化

局部响应归一化(local response normalization，LRN)是一种受生物学启发的归一化方法，通常用在基于卷积的图像处理上。

假设一个卷积层的输出特征映射 $Y \in \mathbb{R}^{M' \times N' \times P}$ 为三阶张量，其中每个切片矩阵 $Y^p \in \mathbb{R}^{M' \times N'}$ 为一个输出特征映射，$1 \leqslant p \leqslant P$。局部响应归一化是对邻近的特征映射进行局部归一化：

$$\hat{Y}^p = Y^p \left/ \left(k + \alpha \sum_{j=\max\left\{1, p-\frac{n}{2}\right\}}^{\min\left\{P, p+\frac{n}{2}\right\}} \left(Y^j\right)^2 \right) \right. \tag{3-9}$$

其中，除了幂运算，其他都是按元素运算；n、k、α、β 为超参数，n 为局部归一化的特征窗口大小。在 AlexNet 中，这些超参数的取值为 $n=5$、$k=2$、$\alpha=10 \times 10^{-4}$、$\beta=0.75$。局部响应归一化和层归一化都是对同层的神经元进行归一化，不同的是，局部响应归一化应用在激活函数之后，只是对邻近的神经元进行局部归一化，并且不减去均值。局部响应归一化和生物神经元中的侧抑制(lateral inhibition)现象比较类似，即活跃神经元对相邻神经元具有抑制作用。当使用修正线性单元（rectified linear unit，ReLU）作为激活函数时，神经元的活性值是没有限制的，局部响应归一化可以起到平衡和约束作用。如果一个神经元的活性值非常大，那么和它邻近的神经元就近似地归一化为零，从而起到抑制作用，增强模型的泛化能力。最大汇聚也具有侧抑制作用，但最大汇聚是对同一个特征映射中的邻近位置中的神经元进行抑制，而局部响应归一化是对同一个位置的邻近特征映射中的神经元进行抑制。

3.2.2　激活函数

激活函数在神经元中非常重要的，为了增强网络的表示能力和学习能力，激活函数需要具备以下几点性质。

（1）为连续并可导（允许少数点上不可导）的非线性函数，可导的激活函数可以直接利用数值优化的方法来学习网络参数。

（2）激活函数及其导函数要尽可能地简单，有利于提高网络计算效率。

（3）激活函数的导函数的值域要在一个合适的区间内，不能太大也不能太小，否则会影响训练的效率和稳定性。

下面介绍几种在神经网络中常用的激活函数。

1. Sigmoid 型函数

Sigmoid 型函数是指一类 S 型曲线函数，为两端饱和函数。常用的 Sigmoid 型函数有 Logistic 函数和 Tanh 函数。Logistic 函数定义为

$$\sigma(x) = \frac{1}{1 + \exp(-x)} \tag{3-10}$$

Logistic 函数可以看成一个"挤压"函数，即把一个实数域的输入"挤压"到 $(0, 1)$。当输入值在 0 附近时，Sigmoid 型函数近似为线性函数；当输入值靠近两端时，对输入进行抑制。输入越小，越接近于 0；输入越大，越接近于 1。这样的特点也和生物神经元类似，对一些输入会产生兴奋（输出为 1），对另一些输入产生抑制（输出为 0）。和感知器使用的阶跃激活函数相比，Logistic 函数是连续可导的，其数学性质更好。由于 Logistic 函数的性质，装备了 Logistic 函数的神经元具有以下两点性质：①其输出直接可以看成概率分布，使得神经网络可以更好地和统计学习模型进行结合；②其可以看成一个软性门（soft gate），用来控制其他神经元输出信息的数量。Tanh 函数也是一种 Sigmoid 型函数，其

定义为

$$\text{Tanh}(x) = \frac{\exp(x) - \exp(-x)}{\exp(x) + \exp(-x)} \qquad (3\text{-}11)$$

Tanh 函数可以看成放大并平移的 Logistic 函数，其值域是 $(-1, 1)$。

2. ReLU 函数

ReLU 函数也称为 Rectifier 函数，是目前深度神经网络中经常使用的激活函数。ReLU 函数实际上是一个斜坡 (ramp) 函数，定义为

$$\text{ReLU}(x) = \begin{cases} x, & x \geqslant 0 \\ 0, & x < 0 \end{cases} = \max\{0, x\} \qquad (3\text{-}12)$$

采用 ReLU 函数的神经元只需要进行加、乘和比较的操作，计算上更加高效。ReLU 函数也被认为具有生物学合理性 (biological plausibility)，如单侧抑制、宽兴奋边界 (即兴奋程度可以非常高)。在生物神经网络中，同时处于兴奋状态的神经元非常稀疏。人脑中在同一时刻只有 1%～4% 的神经元处于活跃状态。Sigmoid 型函数会导致一个非稀疏的神经网络，而 ReLU 函数却具有很好的稀疏性，大约 50% 的神经元会处于激活状态。在优化方面，相比于 Sigmoid 型函数的两端饱和，ReLU 函数为左饱和函数，且在 $x>0$ 时导数为 1，在一定程度上解决了神经网络的梯度消失问题，加速梯度下降的收敛速度。但 ReLU 函数的输出是非零中心化的，给后一层的神经网络引入偏置偏移，会影响梯度下降的效率。此外，ReLU 神经元在训练时比较容易 "死亡"。在训练时，如果参数在一次不恰当的更新后，第一个隐含层中的某个 ReLU 神经元在所有的训练数据上都不能被激活，那么这个神经元自身参数的梯度永远都会是 0。在以后的训练过程中永远不能被激活。这种现象称为死亡 ReLU 问题 (dying ReLU problem)，并且也有可能会发生在其他隐含层。在实际使用中，为了避免上述情况，Leaky ReLU、ELU 等 ReLU 函数的变种也被广泛使用。

3. Swish 函数

Swish 函数是一种自门控 (self-gated) 激活函数，定义为

$$\text{Swish}(x) = x\sigma(\beta x) \qquad (3\text{-}13)$$

其中，$\sigma(\cdot)$ 为 Logistic 函数；β 为可学习的参数或一个固定超参数。$\sigma(\cdot) \in (0, 1)$

可以看成一种软性的门控机制：当 $\sigma(\beta x)$ 接近于 1 时，门处于"开"状态，激活函数的输出近似于 x 本身；当 $\sigma(\beta x)$ 接近于 0 时，门的状态为"关"，激活函数的输出近似于 0。

3.2.3 损失函数

损失函数是一个非负实数函数，用来量化模型预测和真实标签之间的差异。下面介绍几种常用的损失函数。

（1）最直观的损失函数是模型在训练集上的错误率，即 0-1 损失函数（0-1 loss function）：

$$\mathcal{L}(y, f(x;\theta)) = \begin{cases} 0, & y = f(x;\theta) \\ 1, & y \neq f(x;\theta) \end{cases} = I(y \neq f(x;\theta)) \tag{3-14}$$

其中，$I(\cdot)$ 为指示函数。虽然 0-1 损失函数能够客观地评价模型的好坏，但其缺点是数学性质不是很好：不连续且导数为 0，难以优化。因此，经常用连续可微的损失函数替代 0-1 损失函数。

（2）平方损失函数（quadratic loss function），经常用在预测标签 y 为实数值的任务中，定义为

$$\mathcal{L}(y, f(x;\theta)) = \frac{1}{2}(y - f(x;\theta))^2 \tag{3-15}$$

平方损失函数一般不适用于分类问题。

（3）交叉熵损失函数（cross-entropy loss function），一般用于分类问题。假设样本的标签 $y \in \{1, 2, \cdots, C\}$ 为离散的类别，模型 $f(x;\theta) \in [0, 1]$，C 的输出为类别标签的条件概率分布，即

$$p(y = c|x;\theta) = f_c(x;\theta) \tag{3-16}$$

可以用一个 C 维的 one-hot 向量 y 来表示样本标签。假设样本的标签为 k，那么标签向量 y 只有第 k 维的值为 1，其余元素的值都为 0。标签向量 y 可以看作样本标签的真实条件概率分布 $\mathrm{pr}(y|x)$，即第 c 维（记为 y_c，$1 \leqslant c \leqslant C$）是类别为 c 的真实条件概率。假设样本的类别为 k，那么它属于第 k 类的概率为 1，属于其他类的概率为 0。对于两个概率分布，一般可以用交叉熵来衡量它们的差异。标签的真实分布 y 和模型预测分布 $f(x;\theta)$ 之间的交叉熵为

$$\mathcal{L}(y, f(x;\theta)) = -y^{\mathrm{T}} \log f(x;\theta) = -\sum_{c=1}^{C} y_c \log f_c(x;\theta) \tag{3-17}$$

(4)二次代价函数(quadratic cost function),为

$$J = \frac{1}{2n}\sum_{x} \| y(x) - a^L(x)\|^2 \tag{3-18}$$

其中,J 为代价函数;x 为样本;y 为实际值;a 为输出值;n 为样本的总数。使用一个样本为例简单说明,此时二次代价函数为 $J = \frac{(y-a)^2}{2}$。假如使用梯度下降法来调整权值参数的大小,权值 w 和偏置 b 的梯度推导如下:$\frac{\partial J}{\partial w} = (y-a)\sigma'(z)x$,$\frac{\partial J}{\partial b} = (y-a)\sigma'(z)$,其中,$z$ 为神经元的输入,$\sigma'(\cdot)$ 为激活函数。权值 w 和偏置 b 的梯度与激活函数的梯度成正比,激活函数的梯度越大,权值 w 和偏置 b 的大小调整得越快,训练收敛得就越快。

3.2.4 正则化

机器学习模型的关键是泛化问题,即在样本真实分布上的期望风险最小化。而训练数据集上的经验风险最小化和期望风险并不一致。神经网络的拟合能力非常强,其在训练数据上的错误率往往都可以降到非常低,甚至可以到 0,从而导致过拟合。因此,如何提高神经网络的泛化能力反而成为影响模型能力的最关键因素。正则化(regularization)是一类通过限制模型复杂度,从而避免过拟合,提高泛化能力的方法,如引入约束、增加先验、提前停止等。在传统的机器学习中,提高泛化能力的方法主要是限制模型复杂度,如采用 L_1 和 L_2 正则化等方式。而在训练深度神经网络时,特别是在过度参数化(over-parameterization)时,L_1 和 L_2 正则化的效果往往不如浅层机器学习模型中显著。因此,训练深度学习模型时,往往还会使用其他正则化方法,如丢弃法、数据增强法、提前停止法、集成法等。

3.2.5 丢弃法

当训练一个深度神经网络时,可以随机丢弃一部分神经元(同时丢弃其对应的连接边)来避免过拟合,这种方法称为丢弃法(dropout method)。每次选择丢弃的神经元是随机的,最简单的方法是设置一个固定的概率 p。对每一个神经元都以概率 p 来判定要不要保留。在训练时,激活神经元的平均数量为原来的 p 倍。而在测试时,所有的神经元都是可以激活的,这会造成训练和测试时网络的输出不一致。为了缓解这个问题,在测试时需要将神经层的输入 x 乘以

p，也相当于把不同的神经网络做了平均。保留率 p 可以通过验证集来选取一个最优的值。一般来说，对于隐含层的神经元，其保留率 $p=0.5$ 时效果最好，这对大部分的网络和任务都比较有效。当 $p=0.5$ 时，在训练时有一半的神经元被丢弃，只剩余一半的神经元是可以激活的，随机生成的网络结构最具多样性。对于输入层的神经元，其保留率通常设为更接近 1 的数，使得输入变化不会太大。对输入层神经元进行丢弃时，相当于给数据增加噪声，以此来提高网络的鲁棒性。每做一次丢弃，相当于从原始的网络中采样得到一个子网络。如果一个神经网络有 n 个神经元，那么总共可以采样出 $2n$ 个子网络。每次迭代都相当于训练一个不同的子网络，这些子网络都共享原始网络的参数。那么，最终的网络可以近似看成集成了指数级个不同网络的组合模型。

3.2.6　数据增强

深度神经网络一般都需要大量的训练数据才能获得比较理想的效果。在数据量有限的情况下，可以通过数据增强(data augmentation)来增加数据量，提高模型鲁棒性，避免过拟合。目前，数据增强主要应用在图像数据上，图像数据的增强主要是通过算法对图像进行转变、引入噪声等方法来增加数据的多样性。数据增强的方法主要有以下几种。

(1)旋转(rotation)：将图像按顺时针或逆时针方向随机旋转一定角度。

(2)翻转(flip)：将图像沿水平或垂直方向随机翻转一定角度。

(3)缩放(zoom in/out)：将图像放大或缩小一定比例。

(4)平移(shift)：将图像沿水平或垂直方法平移一定步长。

(5)加噪声(noise)：加入随机噪声。

3.2.7　优化算法(随机梯度下降)

在 3.1.2 节的梯度下降法中，目标函数是整个训练集上的风险函数，这种方式称为批量梯度下降(batch gradient descent，BGD)法。批量梯度下降法在每次迭代时需要计算每个样本上损失函数的梯度并求和。当训练集中的样本数量 N 很大时，空间复杂度比较高，每次迭代的计算开销也很大。同时每次的梯度都是从所有样本中累计获取的，这种情况最容易导致梯度方向过于稳定一致，且更新次数过少，容易陷入局部最优。

在机器学习中，假设每个样本都是独立同分布地从真实数据分布中随机抽取出来的，真正的优化目标是期望风险最小。批量梯度下降法相当于从真实数据分布中采集 N 个样本，并由它们计算出经验风险的梯度来近似期望风险的梯度。为了降低每次迭代的计算复杂度，也可以在每次迭代时只采集一个样本，计算这个样本损失函数的梯度并更新参数，即随机梯度下降(stochastic gradient descent, SGD)法。当经过足够次数的迭代时，随机梯度下降也可以收敛到局部最优解。

批量梯度下降和随机梯度下降之间的区别在于，每次迭代的优化目标是对所有样本的平均损失函数还是对单个样本的损失函数。由于随机梯度下降实现简单，收敛速度也非常快，使用非常广泛。随机梯度下降相当于在批量梯度下降的梯度上引入了随机噪声，在非凸优化问题中，随机梯度下降更容易逃离局部最优点。

但随机梯度下降法的一个缺点是无法充分利用计算机的并行计算能力。小批量梯度下降(mini-batch gradient descent)法是批量梯度下降法和随机梯度下降法的折中。每次迭代时，随机选取一小部分训练样本来计算梯度并更新参数，这样既可以兼顾随机梯度下降法的优点，也可以提高训练效率。在实际应用中，小批量随机梯度下降法有收敛快、计算开销小的优点，因此逐渐成为大规模的机器学习中的主要优化算法。

在小批量梯度下降法中，批量大小(batch size)对网络优化的影响也非常大。一般而言，批量大小不影响随机梯度的期望，但是会影响随机梯度的方差。批量大小越大，随机梯度的方差越小，引入的噪声越小，训练也越稳定，因此可以设置较大的学习率。而批量大小较小时，需要设置较小的学习率，否则模型会不收敛。学习率通常要随着批量大小的增大而相应地增大。一个简单有效的方法是线性缩放规则(linear scaling rule)：当批量大小增加 m 倍时，学习率也增加 m 倍。线性缩放规则往往在批量大小比较小时适用，当批量大小非常大时，线性缩放会使得训练不稳定。

动量也是随机梯度下降中常用的方式之一。随机梯度下降的更新方式虽然有效，但每次只依赖于当前批样本的梯度方向，这样的梯度方向很可能过于随机。动量就是用来减少随机性，增加稳定性，其思想是模仿物理学的动量方式，每次更新前加入部分上一次的梯度量，这样整个梯度方向就不容易过于随机。一些常见情况是：如上次梯度过大，导致进入局部最小点时，下一次更新能很容易借助上次的大梯度跳出局部最小点。

3.2.8　学习率调整

学习率是神经网络优化时的重要超参数。在梯度下降法中，学习率 α 的取值非常关键，过大就不会收敛，过小则收敛速度太慢。常用的学习率调整方法包括学习率衰减、学习率预热、周期性学习率调整以及一些自适应调整学习率的方法，如 AdaGrad、RMSprop、AdaDelta 等。自适应学习率调整方法可以针对每个参数设置不同的学习率。

从经验上看，学习率在一开始要保持大些来保证收敛速度，在收敛到最优点附近时要小些以避免来回振荡。比较简单的学习率调整方法可以通过学习率衰减(learning rate decay)的方式来实现，也称为学习率退火(learning rate annealing)。不失一般性，这里的衰减方式设置为按迭代次数进行衰减。假设初始化学习率为 α_0，在第 t 次迭代时的学习率为 α_t，则常见的衰减方法有以下几种。

(1)分段常数衰减(piecewise constant decay)，即每经过 $T_1, T_2, \cdots, T_m$ 次迭代将学习率衰减为原来的 $\beta_1, \beta_2, \cdots, \beta_m$，其中，$T_m$ 和 $\beta_m < 1$ 为根据经验设置的超参数。分段常数衰减也称为阶梯衰减(step decay)。

(2)逆时衰减(inverse time decay)：

$$\alpha_t = \alpha_0 \frac{1}{1 + \beta t} \tag{3-19}$$

其中，β 为衰减率。

(3)指数衰减(exponential decay)：

$$\alpha_t = \alpha_0 \beta^t \tag{3-20}$$

其中，$\beta < 1$ 为衰减率。

(4)自然指数衰减(natural exponential decay)：

$$\alpha_t = \alpha_0 \exp(-\beta t) \tag{3-21}$$

其中，β 为衰减率。

(5)余弦衰减(cosine decay)：

$$\alpha_t = \frac{1}{2} \alpha_0 \left(1 + \cos\left(\frac{t\pi}{T} \right) \right) \tag{3-22}$$

其中，T 为总的迭代次数。

图 3-5 给出了不同衰减方法的比较(假设初始学习率为 1)。

在小批量梯度下降法中，当批量大小的设置比较大时，通常需要比较大的学习率。但在刚开始训练时，由于参数是随机初始化的，梯度往往也比较大，再加上比较大的初始学习率，会使得训练不稳定。为了提高训练稳定性，可以在最初几轮迭代时，采用比较小的学习率，等梯度下降到一定程度后再恢复到初始学习率，这种方法称为学习率预热(learning rate warmup)。

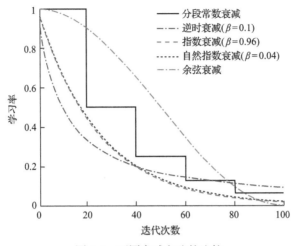

图 3-5　不同衰减方法的比较

在标准的梯度下降法中，每个参数在每次迭代时都使用相同的学习率。由于每个参数的收敛速度都不相同，因此根据不同参数的收敛情况分别设置学习率，这类方法称为自适应学习率。AdaGrad 算法是借鉴 L_2 正则化的思想，每次迭代时自适应地调整每个参数的学习率。在 AdaGrad 算法中，若某个参数的偏导数累积比较大，则其学习率相对较小；相反，若其偏导数累积较小，则其学习率相对较大。但整体是随着迭代次数的增加，学习率逐渐减小。AdaGrad 算法的缺点是在经过一定次数的迭代依然没有找到最优点，由于这时的学习率已经非常小，很难再继续找到最优点。RMSprop 算法是 Hinton 提出的另一种自适应学习率的方法，在迭代过程中，每个参数的学习率并不是呈衰减趋势，既可以变小也可以变大，可以在有些情况下避免 AdaGrad 算法中学习率不断单调下降以至于过早衰减的缺点。

3.3　自监督图像去噪

传统的图像去噪方法通常依赖于手工设计的滤波器或数学模型，这些方法在特定场景下表现出一定的效果，但难以处理多样性和复杂性的噪声类型。随着深度学习技术的快速发展，基于深度神经网络的图像去噪方法取得了显著的进展。然而，这些方法通常需要大量标注的训练数据，而获取大规模标注数据集是一项耗时且昂贵的任务。

为了克服传统方法和深度学习方法的局限性，自监督学习逐渐成为图像去噪领域的研究热点。自监督学习是一种无监督学习的形式，通过从输入数据中自动生成标签或目标，从而避免了手动标注数据的麻烦。近年来，自监督学习在计算机视觉任务中取得了令人瞩目的成果，自监督图像去噪也成为其中的一个重要应用方向。

3.3.1　自监督学习的概念和原理

自监督学习是一种无监督学习的分支，旨在通过设计任务和目标，利用未标记的数据来学习有用的特征表示。与传统的监督学习不同，自监督学习不需要人工标注的标签来指导学习过程，而是通过自动生成伪标签或利用数据的自身属性来进行学习。

自监督学习的基本原理是通过构造一个辅助任务或目标来引导特征学习过程。这个辅助任务可以是基于输入数据的一些变换，如图像的旋转、剪切、颜色变换等，或者是通过隐藏部分信息，要求模型重建缺失的部分。通过这些任务，驱动模型学习数据中的有用信息和结构，并生成与任务相关的特征表示。

自监督学习中常用的方法之一是通过对输入数据进行随机变换来构造辅助任务。例如，在图像处理领域，可以将输入图像旋转一个随机角度，然后要求模型预测旋转的角度。这个任务可以促使模型学习到图像的旋转不变性，并学习到图像的语义特征。类似地，还可以设计其他变换和相应的辅助任务，如图像的翻转、遮挡恢复、颜色变换等。

另一种常见的自监督学习方法是利用数据的自身属性来构造辅助任务。例如，在语言模型中，可以通过隐藏输入序列中的某些单词或短语，要求模型预测缺失的部分。模型需要理解句子的上下文语义，并学习到单词之间的关系。这种方法可以使模型学习到有用的语言表示，并能应用于其他自然语言处理任务。

自监督学习的优势在于可以利用大量未标记的数据来学习特征表示，从而避免了手动标注数据的成本和难度。通过充分利用数据的丰富信息，自监督学习方法在图像处理、自然语言处理和语音识别等领域取得了显著的进展。

自监督学习在图像去噪领域具有巨大的潜力，可以有效地应对图像噪声问题并改善图像质量。以下是自监督学习在图像去噪中的一些优势。

1. 无需标记的训练数据

传统的图像去噪方法通常依赖于带有噪声和对应清晰图像的成对数据进行训练。然而，获取这样的标记数据是非常昂贵和耗时的。自监督学习方法可以利用未标记的图像数据进行训练，无须对图像进行配对或标注，大大降低了训练数据的获取成本。

2. 学习图像的结构信息

自监督学习可以通过设计辅助任务来引导模型学习图像的结构信息。例如，可以使用自编码器的思想，要求模型从噪声图像中重建原始图像。通过这样的任务，驱动模型学习图像中的结构和纹理信息，从而改善图像去噪的效果。

3. 学习噪声模型和去噪模型

自监督学习可以通过训练模型预测噪声模型的参数或生成噪声图像，从而学习到噪声的特征和统计属性。这些学习到的噪声模型可以用于生成噪声图像，并作为训练数据用于训练图像去噪模型。通过这种方式，自监督学习方法可以更好地适应不同类型的噪声，并提供更准确的去噪效果。

自监督学习在图像去噪领域的潜力正在不断被探索和实现。通过利用未标记的图像数据和自监督学习的方法，可以提高图像去噪的性能和鲁棒性，并为实际应用场景中的图像去噪问题提供更好的解决方案。

3.3.2 自监督图像去噪的问题建模

自监督图像去噪方法中，需要定义一个适当的目标函数，用于衡量模型去噪结果的质量，并引导模型学习有效的去噪表示。下面是一种常见的自监督图像去噪的目标函数建模方式。

假设有一组未标记的噪声图像数据集，记为 $\{X\}$，其中，X 表示一幅噪声图像。目标是通过自监督学习方法训练一个图像去噪模型，记为 D，使其能够从噪声图像中还原出清晰的图像。

在问题建模中，首先需要定义一个图像去噪的目标函数，用于衡量模型的性能和指导模型的优化。一种常用的目标函数是平均重构误差（mean reconstruction error，MRE）：

$$\text{MRE} = \frac{1}{N} \sum \left\| D(X) - X_{\text{truth}} \right\|^2 \tag{3-23}$$

其中，N 为数据集中的样本数量；$D(X)$ 为模型 D 对噪声图像 X 进行去噪后的重建图像；X_{truth} 为与噪声图像 X 对应的原始清晰图像。

这个目标函数的直观解释是，希望模型 D 能够将噪声图像 X 还原为尽可能接近原始清晰图像 X_{truth} 的图像。通过最小化平均重构误差，驱动模型学习到噪声特征和图像结构之间的关系，并提供更准确的去噪结果。

除了平均重构误差，还可以根据具体应用场景设计其他目标函数。例如，可以引入图像的梯度信息，以促使模型学习到更平滑的去噪结果；或者可以利用噪声模型的参数进行正则化，以提高模型的鲁棒性和泛化能力。

在自监督图像去噪中，目标函数的设计是关键的一步。通过合理定义目标函数，可以使模型在未标记的噪声数据上进行自我训练，并获得较好的去噪效果。

3.3.3　自监督图像去噪的常用策略和技术

自监督图像去噪方法涵盖了多种策略和技术，用于引导模型学习有效的图像去噪表示。以下是一些常见的自监督图像去噪策略和技术。

1. 图像自重建

图像自重建是一种常用的自监督图像去噪策略。该策略基于假设，模型应该能够从噪声图像中还原出尽可能接近原始清晰图像的重建图像。通过设计重建任务，模型被迫学习到图像的结构和纹理信息，并学习如何去除噪声。常见的图像自重建方法包括自编码器和变分自编码器。

2. 噪声模型预测

噪声模型预测是另一种常用的自监督图像去噪策略。该策略利用模型对噪声模型进行预测，即学习噪声的统计属性和特征。通过预测噪声模型的参数或生成噪声图像，模型可以学习到噪声的特征，并应用于图像去噪过程。这种策略可以使模型更好地适应不同类型的噪声，提高去噪结果的准确性。

3. 自监督对抗学习

自监督对抗学习是一种结合生成对抗网络(generative adversarial network，GAN)的自监督图像去噪技术。在这种方法中，模型由两个部分组成：生成器和判别器。生成器负责生成清晰的图像，判别器负责区分生成的图像和真实的清晰图像。通过对抗训练，生成器学习生成更逼真的图像，同时判别器学习区分生成的图像和真实图像。这种方法可以提供高质量的图像去噪结果。

4. 自相似性和局部一致性

自相似性和局部一致性常用于自监督图像去噪。自相似性是指图像中不同区域之间存在相似的结构和纹理信息。通过利用自相似性，模型可以学习到图像中的共享特征，并利用这些特征进行去噪。局部一致性是指图像中局部区域的一致性特征，如平滑性和纹理一致性。通过强调局部一致性特征，模型可以生成更平滑和更准确的去噪结果。

3.3.4　基于深度学习的自监督图像去噪方法

2018 年，Lehtinen 等提出了 Noise2Noise（N2N）方法[3]，它是第一个可以抛开干净图像，仅使用带噪声图像进行网络训练的图像去噪方法。之后，为规避成对带噪声图像不足导致的网络训练不足的问题，2019 年，Krull 等提出自监督方法 Noise2Void（N2V）[4]在不用配对的 N 幅带噪声图像上进行网络训练。另外，还有部分自监督方法，如深度图像先验（deep image prior，DIP）[5]方法，不需要在大量的图像训练集上训练，仅在单幅待复原的图像上训练，从而挖掘图像自身的信息，实现各类图像去噪任务，也为后续单幅图像的自监督图像去噪方法的提出奠定了坚实的基础。以下详细介绍上述三种方法的相关理论知识。

1. N2N 方法

N2N 方法源自一个统计学常识。假设采用一个测量得不是很准确的温度计测量室内的真实温度，最有效的方法就是根据某些损失函数 L，通过多次测量得到一系列温度结果 $y_1, y_2, \cdots, y_k$ 之后求一个值 z，使 z 到所有 y_i 差值的和最小。该过程可以表示为

$$\arg\min_z E_y\{L(z,y)\} \tag{3-24}$$

对于 L_2 损失 $L(z,y)=(z-y)^2$，最小化式（3-24）后会得到观测值的算术平均值，为

$$z = E_y\{y\} \tag{3-25}$$

对于 L_1 损失 $L(z,y)=|z-y|$，最小化式（3-24）后会得到观测值的中值。

上面提到的是一种点估计方法，而训练一个网络则是这种点估计的扩展。对于神经网络，一系列输入目标对 (x_i, y_i)，典型的训练任务形式就是需要达到网络目标，如式（3-26）所示。事实上，若移除对输入数据的依赖，采用一个简单的 f_θ 得到学习的标量输出，则问题就退化为式（3-24）。相反情况下，一个完整的训练任务能够看成在各个训练样本上分解为相同的最小化问题，如式（3-27）所示：

$$\arg\min_\theta E_{(x,y)}\{L(f_\theta(x),y)\} \tag{3-26}$$

$$\arg\min_\theta E_x\{E_{y|x}\{L(f_\theta(x),y)\}\} \tag{3-27}$$

　　理论上,网络可以通过分别求解每个输入样本的点估计问题来最小化以上损失函数。因此,神经网络的训练继承了潜在损失的性质。

　　网络在训练过程中,输入和隐式目标并不是 1:1 的映射关系,实际上是多值映射。例如,在一个自然图像的超分辨重建任务中,因为有关纹理、边缘的确切位置和方向信息在抽取中有所丢失,所以一幅低分辨率图像 x 能够由许多不一样的高分辨率图像 y 解释。换言之, $p(y|x)$ 是与低分辨率图像 x 一致的高度复杂的自然图像分布。采用 L_2 损失函数在低、高分辨率图像对上进行网络训练时,网络最终学会输出全部合理解释的平均值,这导致了网络预测的空间模糊,如图 3-6 所示。

<table>
<tr><td>(a) 训练样本
示例</td><td>(b) 输入($p\approx0.25$)
17.12dB</td><td>(c) L_2
26.89dB</td><td>(d) L_1
35.75dB</td><td>(e) 干净目标
35.82dB</td><td>(f) 基准图像</td></tr>
</table>

图 3-6　　分别使用 L_1 和 L_2 损失函数训练的示例效果对比[3]

　　L_2 损失函数最小化具有一个极易推导的性质,即假如将目标替换为与其期望相同的随机数,则预测值将与之前一样。很容易看出,无论从哪个特定分布中得出 y ,式(3-25)都成立。因此,若输入条件下的目标分布 $p(y|x)$ 被具有一样的条件期望值的任意分布代替,则式(3-27)的最佳网络参数 θ 也不会发生改变。这表示可以在保持网络学习内容不变的情况下,用均值为零的噪声污染网络的学习目标 y_i 。将此与损失输入相结合,则最小化经验风险任务变为式(3-28):

$$\arg\min_{\theta}\sum_i L\big(f_{\theta}(\hat{x}_i),\hat{y}_i\big) \tag{3-28}$$

其中,输入和目标都是从不一定相同的受损坏的分布中提取的,并且要求 $E\{y_i|x_i\}=y_i$ 。

　　若带噪声样本无限多,则完全可以用式(3-28)对 f_{θ} 进行优化,即使带噪声样本数量少,也可以采用这种替代方法,因为它们在期望上是正确的。

　　根据以上理论,采用 Mao 等提出的 REDNet[6]及 Ronneberger 等提出的 U-Net[7]为基线网络,分别在噪声分布为高斯、泊松和伯努利的带噪声图像上,以及具有其他合成噪声的图像上进行了实验,如图 3-7 所示。实验表明,当图像噪声的总体分布的均值为零时,N2N 可以取得近乎在带噪声-干净图像对数据集上训练的网络的性能;反之,则通过替换成恰当的损失函数实现去噪。

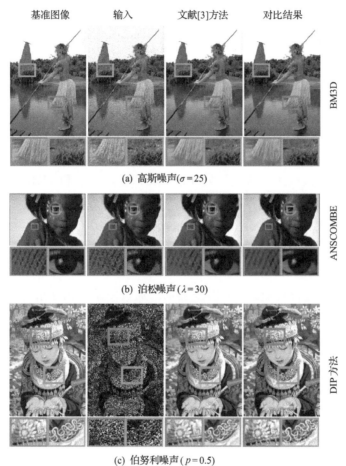

图 3-7　不同合成噪声的效果比较[3]

2. N2V 方法

N2V 方法给出了图像去噪中一个显而易见的已知信息,即图像中的像素点不是独立存在的,每一个像素点和周围的像素点都是条件相关的。正是因为每一个像素点都和周围的像素点有着一定的关联,神经网络才能利用某个被污染像素点周围的像素点去推断被污染部分的真实值。

所看到的图像 $x = s + n$ 的生成是从式(3-29)所示的联合分布中提取的:

$$p(s,n) = p(s)p(n\,|\,s) \tag{3-29}$$

其中，s 为原始干净图像；n 为噪声图像。

假设 $p(s)$ 对于在一定半径内的像素 i 和像素 j 是一个满足式 (3-30) 的任意分布，表明图像中的每个像素 s_i 都不是独立存在的，即

$$p\big(s_i\,|\,s_j\big) \neq p\big(s_i\big) \tag{3-30}$$

从噪声 n 的角度假设条件分布为

$$p(n\,|\,s) = \prod_i p(n_i\,|\,s_i) \tag{3-31}$$

其中，n_i 为 i 处的噪声点，表明图像中的噪声像素值 n_i 是条件独立的。N2V 方法基于以上两个假设进行研究，另外还对图像噪声做了和 N2N 方法相同的假设，即噪声分布的均值为零。

传统卷积神经网络 (convolutional neural network, CNN) 的运行原理是通过一个固定大小的感受野在图像上进行滑动，然后将滑块与图像对应的像素进行乘积、激活等一系列操作后，将一个感受野的图像内容 $x_{\mathrm{RF}(i)}$ 映射到一个新的像素点 $\hat{s}_i$，这个过程可由式 (3-32) 来表示。通过一系列相互重叠的滑块，最终将整幅图像映射为一幅新图像。在监督学习训练中，采用一组训练图像对 $\big(x^j,s^j\big)$，每一对都包含一幅带噪声图像 x^j 和一幅干净的标签图像 s^j。结合块到像素点 (Patch2Pixel) 的思路，可以将训练数据看成 $\big(x^j_{\mathrm{RF}(i)},s^j_i\big)$。对于每幅带噪声图像的每个像素点，网络 f_θ 力求将其映射为干净图像中对应的像素点：

$$f\big(x_{\mathrm{RF}(i)};\theta\big) = \hat{s}_i \tag{3-32}$$

$$\arg\min_\theta \sum_j \sum_i L\big(f\big(x_{\mathrm{RF}(i)};\theta\big),s^j_i\big) \tag{3-33}$$

在 N2N 方法中，模型训练需要至少两个独立分布的带噪声图像，如式 (3-34) 所示：

$$x_j = s + n_j, \quad x'_j = s + n'_j \tag{3-34}$$

将 Patch2Pixel 思路运用到式 (3-34) 中，则将输入转化为 $\big(x^j_{\mathrm{RF}(i)};x'^j_i\big)$，其中 $x^j_{\mathrm{RF}(i)}$ 是带噪声图像的一个块，而 x'^j_i 是另一幅带噪声图像对应位置的像素点，将其代入式 (3-33)，可以得到式 (3-35)：

$$\arg \min_{\theta} \sum_{j} \sum_{i} L\left(f\left(x_{\text{RF}(i)}^{j};\theta\right), x_i'^{j}\right) \tag{3-35}$$

由 N2N 方法可知，式(3-35)和式(3-33)是等价的。

进一步分析，如果将 $x_i'^{j}$ 换成 x_i^{j}，即将一幅带噪声图像的一个块和其中一个像素点配对，那么可将式(3-35)转换为

$$\arg \min_{\theta} \sum_{j} \sum_{i} L\left(f\left(x_{\text{RF}(i)}^{j};\theta\right), x_i^{j}\right) \tag{3-36}$$

显然，由于如式(3-37)所示的关系，式(3-36)成立并且与式(3-35)等价。通过这种代换，就可以在理论上实现在单幅带噪声图像上进行模型训练。

$$E_{x_i^{j}}\left(x_i^{j}\right) = E_{x_i'^{j}}\left(x_i'^{j}\right) = s_i^{j} \tag{3-37}$$

观察式(3-36)发现，若将块的全部信息同时输入模型中，模型很容易坍缩成一个忽略目标像素点周围信息，只关注目标像素点自身的恒等映射。为解决此问题，N2V 方法提出了如图 3-8(b)所示的盲点(blind-point)网络。传统网络是将一个块作为输入，目标是这个块中心位置的像素，这时感受野是整个块，如图 3-8(a)所示。而盲点网络是将块的目标先抹去再作为输入，这样感受野就缺失了中心位置的像素，然后模型可以通过未遮盖住的部分预测出遮盖住的目标点。此方式契合该方法的第一个假设，即图像中的每个像素点都是条件相关的。

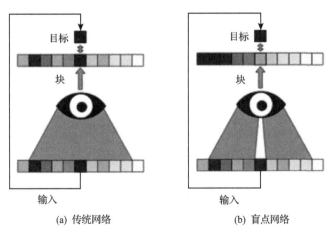

(a) 传统网络　　　　　　　　　　(b) 盲点网络

图 3-8　传统网络和 N2V 盲点网络的映射方式示意图[2]

图 3-9 展示了 BM3D、传统方法、N2N 和 N2V 去噪方法获得的结果和平

均 PSNR（峰值信噪比）。对于 BSD68 数据和模拟数据，所有方法均可使用。对于 cryo-TEM 数据，由于无法获得真实图像，传统方法不适用。而由于有成对的噪声图像可用，仍然可以使用 N2N 方法训练。对于 CTC-MSC 和 CTC-N2DH 数据，由于仅存在单个噪声图像，因此传统方法和 N2N 方法均不适用，而 N2V 方法仍然可以应用。

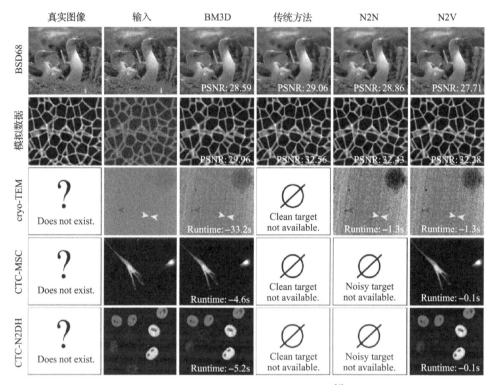

图 3-9　不同训练方法去噪效果对比[4]

3. DIP 方法

用于图像恢复、生成任务性能优良的卷积神经网络通常都是在大规模的数据集上进行训练的，因此人们认为卷积神经网络的优秀表现来自它可以从大量数据中学习到真实图像的先验分布。但是仅凭学习还不能很好地解释卷积神经网络的良好性能。例如，2021 年 Zhang 等[8]提出，在带有真实标签的数据集上训练得到泛化性能良好的网络，仍然会在将真实标签替换为随机标签的数据集上过拟合。此发现表明深度网络很容易拟合随机标签，换言之，网络模型是否有效与标签对错没有太大关系。因此，作者认为泛化过程实际上是网络结构与数据结构"谐振"的过程，网络学习并不是建立图像数据先验分布所必需的，神经网络这个结构本身就能提取低层次统计分布。作者强调，在图像恢复等逆问题中，不需要预训练网络或者获取大量数据，可以只利用受损图像本身进行图像恢复。

　　图像恢复任务中的两种主要方法是学习先验和显式先验。学习先验通过在数据集上训练卷积神经网络，使其认识世界。训练过程中将带噪声图像作为卷积神经网络的输入，目标输出则为污染被消除的图像。显式先验通过引入硬约束和使用合成数据，让网络更好地理解哪些种类的图像是自然的。但是，将逼近"自然"这样的约束进行数学上的表达极其困难。在 DIP 方法中，研究人员想要通过构造一个新的显式先验，使用卷积神经网络来消除两种主流方法间的差距。

　　通常来说，经验数据中未观察到的值可以采用最大后验分布来估计，如式(3-38)所示：

$$x^* = \arg\max_x p(\dot{x};x) \tag{3-38}$$

其中，x^* 为恢复图像；$\dot{x}$ 为受损图像；x 为原始干净图像。

　　使用贝叶斯法则，可以将后验分布表示为先验分布，如式(3-39)所示：

$$p(x\,|\,\dot{x}) = \frac{p(\dot{x}\,|\,x)p(x)}{p(\dot{x})} \tag{3-39}$$

其中，$p(\dot{x}\,|\,x)$ 为似然函数；$p(x)$ 是先验分布。

　　因此，可将式(3-38)代换为式(3-40)：

$$x^* = \arg\min_x (-\log p(\dot{x}\,|\,x)) - \log p(x) \tag{3-40}$$

　　进一步将式(3-40)代换为式(3-41)：

$$x^* = \arg\min_x E(x;\dot{x}) + R(x) \tag{3-41}$$

其中，$E(x;\dot{x})$ 为数据项，代表似然函数的负对数；$R(x)$ 为图像先验项，代表先验分布的负对数。

　　现在的任务就是最小化式(3-41)。在传统方法中，一般是通过生成随机噪声的方式来对 x 进行初始化，然后计算损失函数对 x 的梯度，并遍历图像空间直至收敛于某一点，该过程可由图 3-10 表示。

　　另一种方法是构造函数 g，采用随机参数 θ 初始化，来自不同空间的输出可以被映射到图像 x 并使用梯度下降法来更新 θ，直至收敛到全局最优值。因此，可以用优化 θ 代替优化图像空间，则式（3-41）可替换为式（3-42）：

$$x^* = \arg \min_x E(g(\theta); \dot{x}) + R(g(\theta)) \tag{3-42}$$

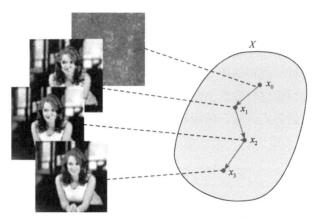

图 3-10　图像空间优化过程示意图[5]

因此，图 3-10 所示的优化过程也发生如图 3-11 所示的改变。

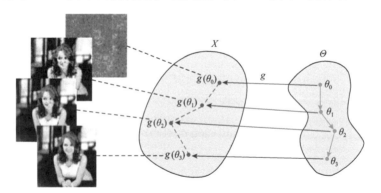

图 3-11　参数 θ 优化过程示意图[5]

将 $g(\theta)$ 替换为神经网络的映射 $f_\theta(z)$，则式（3-42）可表示为

$$x^* = g\left(\theta^*\right), \quad \theta^* = \arg \min_\theta E\left(f_\theta(z); \dot{x}\right) \tag{3-43}$$

其中，z 为随机输入图像；θ 为神经网络的随机初始化权重。为获得期望结果，采用梯度下降法对网络参数进行更新，被忽略的 $R\left(f_\theta(z)\right)$ 为神经网络捕捉到的先验分布。

综上所述，神经网络可以找到一组参数将 z 映射到任意 x 上，也就是说神经网络结构本身并不对产生的 x 构成某种限制。虽然网络可以拟合任何输出 x，但是网络结构会影响网络优化算法搜索解空间的方式，即神经网络会"抗拒"一些无规则的解，并经过梯度下降法更快地恢复出符合自然规律的部分。因此，适当的网络架构足以解决图像去噪任务。具体来说，可以通过限制优化 θ 的迭代次数，使其离随机初始值不太远，那么 f_θ 就对生成噪声具有很好的抗性，能够在与目标 x 有相似模式的同时不产生 $\hat{x}$ 中那些不规则的噪声，用优化过的 θ^* 来投射图像 z 就能得到过滤后的图像。

图 3-12 展示了 DIP 方法在不同图像去噪任务上的定性实验结果。第一行为文本图像修复任务的示例。不难看出，图 3-12(d) 可以得到与原始图像近乎一致的结果，几乎没有任何瑕疵，而对比方法(图 3-12(c))得到的图像中的文字蒙版没有被完全消除。第二行为图像修复任务示例，损坏后的图像(图 3-12(f))缺失像素达 50%。图 3-12(h) 的修复效果明显优于图 3-12(g)。

(a) 原始图像1　　(b) 退化图像1　　(c) Shepard网络方法　　(d) DIP方法

(e) 原始图像2　　(f) 退化图像2　　(g) 卷积稀疏编码方法，　　(h) DIP方法，PSNR=32.22
　　　　　　　　　　　　　　　　　　　PSNR=28.1

图 3-12　DIP 方法定性实验结果[5]

3.4　数据和物理联合驱动的图像重建

在图像恢复和底层视觉问题中，如图像去模糊、图像超分辨重建、图像去噪和图像去雾，的确存在一个基本假设，即在图像形成模型下，估计的清晰图像 x 应该与给定的输入图像 y 相一致。

这个假设基于以下观察：输入图像 y 是通过某种形成过程（如模糊、下采样、噪声引入等）作用于原始清晰图像 x 得到的。因此，图像恢复的目标是通过反向过程，从给定的输入图像 y 中重建出接近于原始清晰图像 x 的估计结果：

$$y = h(x) \tag{3-44}$$

在图像恢复问题中，算子 h 将未知结果 x 映射到观测到的图像 y。例如，在图像去模糊问题中，算子 h 对应于模糊操作，即将清晰图像 x 模糊为观测图像 y。然而，由于从观测图像 y 中准确估计出清晰图像 x 是不确定的，需要引入额外的约束来正则化估计的结果 x。这是因为图像恢复问题通常是一个欠定问题，即存在多个可能的解决方案与观测数据相匹配。

为了解决这个问题，常用的方法是在估计过程中引入先验知识和额外的约束条件。最大后验（MAP）概率估计是一种常用的方法，其中先验知识被建模为先验概率 $p(x)$，观测数据和似然概率 $p(y|x)$ 描述观测图像 y 在给定清晰图像 x 的条件下的先验概率，用于引入先验知识和约束。根据贝叶斯定理，可以将后验概率表示为先验概率 $p(x)$ 和似然概率 $p(y|x)$ 的乘积：

$$p(x|y) = p(y|x)p(x) \tag{3-45}$$

为了在最大后验概率估计框架下获得估计的图像 x，需要寻找使后验概率最大化的估计值。通常，这可以通过最大化对数后验概率的方式来实现，即最大化对数似然概率加上对数先验概率：

$$x_{\mathrm{MAP}} = \arg\max\left\{\log p(y|x) + \log p(x)\right\} \tag{3-46}$$

通过最大化对数后验概率，可以获得对未知图像 x 的估计 x_{MAP}。通过选择适当的先验概率 $p(x)$ 和定义合适的损失函数，可以引入不同的约束和先验假设，以实现对图像恢复问题的正则化。

近年来，深度学习模型已经广泛应用于图像恢复和相关的低层次视觉任务，如图像超分辨重建、图像滤波、图像去噪和图像去雾等。它们通过训练大量的图像对（输入图像 y 和对应的目标图像 x）来学习 x 和 y 之间的复杂映射函数：

$$y = g(x) \tag{3-47}$$

在图像恢复问题中，函数 g 可以视为算子 h 的逆算子，其目标是从观测图

像 y 中估计出接近真实的图像。图像重建的发展历程如图 3-13 所示。

图 3-13　图像重建的发展历程

　　然而，由于问题的复杂性和解空间的多样性，简单的模型只使用前馈网络来学习逆算子 g 可能无法得到理想的结果。这是因为图像恢复问题往往是一个非常具有挑战性的问题。解空间很大，一个观测图像对应着多个可能的真实图像。而且，图像恢复问题通常受到噪声、模糊、下采样等因素的影响，使得从观测图像中准确还原出真实图像变得更加困难。

　　为了解决这个问题，通常需要使用更复杂的模型和训练策略。一种常见的方法是引入更强大的深度学习模型，如卷积神经网络或生成对抗网络。这些数据驱动的神经网络模型具有更高的表达能力，可以更好地捕捉图像中的复杂特征和结构，从而提高图像恢复的质量。

1. 数据驱动的神经网络模型

　　通过大量的数据来训练神经网络，并在训练过程中从数据中学习输入和输出之间的映射关系，以实现模型对任务的建模和预测。当下深度学习正是基于庞大的数据集发展而来的，数据可以说是神经网络训练的基础。神经网络的训练依赖于大量的可用数据集。这些数据可以是带有完备标签（如框标注、涂鸦标注、点标注、类别标注）的训练样本，也可以是应用于无监督学习的未标注数据。数据的质量和多样性对神经网络的训练性能有着至关重要的影响。

　　选择合适的神经网络架构是数据驱动模型的关键。常见的神经网络架构包括多层感知器（multi-layer perception，MLP）、卷积神经网络和循环神经网络（recurrent neural network，RNN）等。根据任务的特点和数据的结构，选择合适的网络架构可以提高模型的性能和效果。使用采集的数据对神经网络进行训练，这通常涉及将数据划分为训练集、验证集和测试集，通过优化算法（如梯度下降算法）来调整网络的权重和参数，以最小化预测结果与真实标签之间的差异。训练过程中还可能需要利用正则化、批量归一化、丢弃法等技术来提高模型的泛化能力和鲁棒性。训练完成后，需要对模型进行评估和优化。通过使用测试集或交叉验证来评估模型在未见过的数据上的性能，并根据评估结果进行模型调整和优化，以获得更好的预测能力。

数据驱动的神经网络模型的优势在于其能够从大量的数据中学习到复杂的输入输出关系，并能够适应不同类型的任务和领域。然而，数据驱动的神经网络模型可能对训练数据的质量和数量敏感，并且对于新的、少见的样本可能表现不佳。此外，数据驱动的神经网络模型通常缺乏对模型内部运作的解释能力，更倾向于提供端到端的预测能力。

在生成对抗网络框架中，包含生成模型和判别模型。判别模型用来对生成模型的输出进行评估，以使生成模型的输出分布接近真实图像的分布。然而，对抗性损失本身并不能确保生成图像的内容与输入图像的内容一致。一些算法尝试通过引入额外的损失函数来约束生成模型的输出。例如，一些算法使用基于真实图像的像素级损失函数或基于预训练的视觉几何组（visual geometry group，VGG）网络特征感知损失函数作为生成对抗网络框架的约束条件。这些损失函数可以保持生成图像与输入图像在像素级或感知级上的一致性。尽管这些算法在图像恢复任务中采用了多个约束条件，但仍然存在一些挑战，如数据不确定性和学习能力限制，导致它们在某些情况下表现不佳。

为了克服这些挑战，进一步的研究可以探索更有效的损失函数设计、更复杂的模型架构和训练策略，以及更准确的输入数据表示方法。同时，结合物理模型和先验知识等额外信息，可以进一步提高图像恢复算法的性能和鲁棒性。不同于之前的基于稀疏表示的重建和基于数据的深度学习重建，为了提高模型的鲁棒性和泛化性，引导模型更有效地进行学习，通过融合数据驱动的神经网络和物理模型的先验知识，可以提高重建的质量和准确性，同时保持物理规律的一致性。这种联合驱动的方法在医学影像、地球观测等领域得到了广泛应用。

2. 物理驱动的神经网络模型

物理信息神经网络（physics-informed neural network，PINN），是一类物理驱动的、用于解决有监督学习任务的神经网络，同时遵循由一般非线性偏微分方程描述的任何给定的物理规律。这种方法的目的是通过融合物理知识和神经网络的能力，提高模型的准确性、泛化能力和鲁棒性。与传统神经网络不同，物理驱动的神经网络模型能够学习由数学方程描述的物理定律。与纯数据驱动的神经网络模型相比，PINN 在训练过程中施加了物理信息的约束条件，因此能够使用更少的数据样本得到更具有泛化能力的模型。

在传统的神经网络中，输入数据直接通过神经网络的层次结构进行前向传播和训练，从而得到输出结果。而物理驱动的神经网络模型则会在神经网络中嵌入图像成像原理等约束条件，以增强模型的性能。

物理模型反投影重建是一种经典的物理驱动重建方法，常用于 CT 等领域，通过反投影算法重建图像。该方法基于射线传播的物理原理，考虑了吸收、散射和衍射等影响，可以获得高质量的重建图像。

基于正则化的物理驱动重建通过引入正则化项来约束重建过程，以保持重建图像的平滑性和结构准确性。正则化项可以是全变分正则化、稀疏表示等，用于控制图像的平滑度和边缘保持。物理模型的约束通过正则化项的选择和权衡来实现。

模型优化的物理驱动重建通过最小化物理模型与观测数据之间的差异来优化重建图像。常用的优化方法包括最小二乘法、最大似然估计等。物理模型可以是一维、二维或三维的，根据具体问题的需求进行建模和优化。

先验知识的物理驱动重建利用先验知识对图像进行约束，以提高重建的准确性。先验知识可以是关于图像内容、结构或特征的先验信息。例如，在医学影像领域，先验知识可以是关于人体解剖结构的统计模型或形状模型。

物理驱动的神经网络模型在多个领域中有广泛应用。在计算机视觉领域，这种模型可以结合物理模型来进行图像恢复、超分辨重建等任务。在自动驾驶领域，物理驱动的神经网络模型可以结合车辆动力学模型来进行轨迹预测和行为规划。在材料科学和工程领域，物理驱动的神经网络模型可以结合材料物理性质和工艺参数来进行材料设计和性能预测。

如图 3-14 所示，图 3-14(a) 为需要重建的图像，图 3-14(b) 和 (c) 分别为深度学习算法的重建结果及数据和物理联合驱动算法的重建结果。

(a) 输入图像　　　　　　(b) 深度学习算法重建图像　　　(c) 数据和物理联合驱动重建图像

图 3-14　重建效果对比[9]

3.4.1 数据和物理联合驱动的图像重建方法

1. 数据和物理联合驱动的图像重建的概念和意义

数据和物理联合驱动的图像重建是一种综合利用数据驱动方法和物理模型的图像重建方法。在传统的图像重建方法中，常常只利用观测数据进行重建，忽略了与图像形成过程相关的物理知识。而数据和物理联合驱动的图像重建则通过结合物理模型和数据信息，更全面地描述图像形成的过程，并利用物理约束对重建过程进行约束和引导。

数据驱动的图像重建方法主要依赖于大量的观测数据，通过机器学习或深度学习算法学习数据的统计规律，从而实现图像重建。这种方法能够根据观测数据的特征进行高度灵活的图像重建，但在处理复杂的图像模型和噪声环境下可能面临挑战。

物理驱动的图像重建方法则基于图像形成的物理过程，利用物理模型描述图像与观测数据之间的关系。通过对物理模型的建模和优化，可以实现更精确和可解释的图像重建。然而，物理驱动的图像重建方法在处理复杂的图像模型和噪声环境下也可能面临挑战。

数据和物理联合驱动的图像重建方法将两种方法的优势结合起来，充分利用了数据的统计信息和物理模型的先验知识。它能够在数据驱动的基础上引入物理约束，提高图像重建的准确性、稳定性和可解释性。同时，通过联合建模数据和物理模型，可以降低数据需求，减少噪声的影响，并提高对复杂图像模型的建模能力。

数据和物理联合驱动的图像重建方法在医学影像、遥感图像、计算摄影等领域具有重要意义，它可以帮助提高图像重建的质量和可靠性，辅助医学诊断、地质勘探、环境监测等应用。此外，它也为理解图像形成过程、优化图像采集参数以及开发新的成像技术提供了新的思路和方法。

2. 基于深度学习的数据和物理联合驱动图像重建方法

在数据和物理联合驱动的图像重建中，通过深度学习，得到输入图像和目标图像之间的复杂映射关系。通过训练深度学习模型，可以将数据中的隐含信息和结构与物理模型中的先验知识相结合，从而更好地重建图像。

基于深度学习的数据和物理联合驱动图像重建方法可以采用多种模型架构和训练策略。例如，物理引导的生成对抗网络 (physics-guided generative adversarial network，physics-GAN) 通过结合生成对抗网络和物理模型，实现了对图像重建过程的物理约束和引导。变分自编码器(variational autoencoder，VAE)可以通过学习图像的潜在空间表示，实现对图像的重建和生成。物理正则化网络(physics-regularized network)则在网络训练中引入物理正则化项，以增强对物理约束的建模能力。另外，基于迁移学习的方法可以利用在一个领域中训练好的深度学习模型，将其迁移到另一个领域的图像重建任务中，以提高模型性能和泛化能力。

这些基于深度学习的方法在不同领域的图像重建中具有广泛的应用，并取得了一定的成果。它们能够通过联合利用数据和物理模型的优势，有效地改善图像重建的质量、准确性和稳定性。

1)物理引导的生成对抗网络

物理引导的生成对抗网络结合了生成对抗网络和物理模型，生成模型学习从随机噪声到图像的映射，而判别模型用于区分生成的图像与真实图像。通过将物理模型的先验知识嵌入生成对抗网络中，以引导生成过程并满足物理约束，从而提高重建图像的质量和准确性。

在物理引导的生成对抗网络中，通常有两个关键的组件：生成器和判别器。生成器负责将随机噪声或输入图像映射为重建图像，而判别器则尝试区分生成的图像与真实图像。通过对抗训练的方式，生成器和判别器相互竞争和协作，最终达到生成逼真图像的目标。同时，生成对抗网络生成图像过于随机，缺乏一定限制，无法准确反映训练数据的分布变化。为解决该问题，通过对生成器和判别器添加约束条件从而有效指导数据生成，其中条件信息可以是类标签、文本等多模态数据。

2)变分自编码器

VAE[10,11]是一种基于深度学习的生成模型，通过学习输入数据的潜在空间表示，并通过解码器将潜在变量映射回原始数据空间，实现重建或生成新样本的目标。

如图 3-15 所示，VAE 由两个主要组件构成：编码器和解码器。编码器将输入数据映射到潜在空间中的潜在变量，并同时输出潜在变量的均值和方差。解码器则将潜在变量映射回原始数据空间，以重建输入数据。在训练过程中，VAE 通过最小化重建误差和潜在变量的正则项来学习模型参数。

为更有效地控制数据生成，条件变分自编码器通过对编码器和解码器输入one-hot 向量来表示标签信息，从而实现监督学习，改善重建质量。基于条件VAE 和条件 U-Net[12]网络，Esser 等[13]假设图像可由外观和姿态两部分特征来

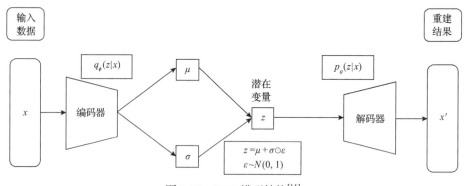

图 3-15　VAE 模型结构[11]

表示，那么图像生成过程可以大致定义为建立关于这两个变量的最大后验概率估计。首先采用 VAE 推断出图像外观，然后利用 U-Net 网络根据外观和姿态信息两个分量重建图像。与基于像素到像素(Pixel2Pixel)的边缘重建方法相比，该方法能使输出图像与输入图像的边缘保持更高的一致性。

一些多层变分自编码器(hierarchical variational autoencoder，HVAE)模型，将隐变量分组为多个子变量，利用递归神经网络逐层自回归建模，先验概率和后验概率分别表示如下。

先验概率：

$$p(z) = p(z_1) p(z_2 \mid z_1) \cdots p(z_1 \mid z_1, \cdots, z_1 - 1) \tag{3-48}$$

后验概率：

$$q(z \mid x) = q(z_1 \mid x) q(z_1 - 1 \mid z_1, x) \cdots q(z_1 \mid z_2, \cdots, z_1, x) \tag{3-49}$$

其中，$p(z)$ 为隐变量 z 的先验分布；$q(z \mid x)$ 为编码器所学习的近似后验概率。

DRAW(deep recurrent attentive writer)[14]是基于这种分组自回归的推理思想模型，它采用递归神经网络逐步修正隐变量的分布。编码器端捕获输入图像的重要信息并进行采样，解码器根据接收的条件分布和前一时刻的解码输出逐步更新生成数据的分布。该模型在生成简单手写数字方面表现良好，但在生成自然图像中的数字以及大尺度图像的恢复方面仍有待提高。

DRAW 方法在进一步改进图像生成质量、提高训练稳定性和增强模型对长时相关性的建模能力方面取得了一定的成果，为 HVAE 模型的参数优化和图像生成提供了有益的启示及方法。

3) 物理正则化网络

物理正则化网络是利用物理模型的先验知识来引导深度学习模型进行图

像重建的方法。它通过结合物理模型和深度学习模型,实现对图像重建过程中的物理约束进行建模和优化,从而提高重建结果的准确性和可靠性,如图 3-16 所示。

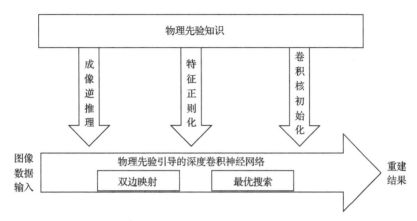

图 3-16　物理先验知识约束的深度卷积神经网络模型

物理正则化网络的主要思想是将物理模型的知识融入深度学习模型中,通过约束深度学习模型的参数或输出与物理规律的一致性,使得重建结果更加符合物理约束,减少重建过程中的不确定性和误差。图像超分辨重建的整体流程如图 3-17 所示,大致分为以下三个步骤:

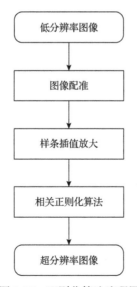

图 3-17　正则化算法流程图

(1)图像配准;

(2)样条插值放大得到初始的高分辨率图像;

(3)利用相关的正则化算法得到超分辨率图像。

图像重建是指将经过退化的图像恢复到原始图像的过程。这个问题属于病态问题,即对输入数据的小扰动非常敏感,求解起来具有挑战性。Tikhonov 正则化方法求解病态问题为反问题的解决奠定了理论基础,同时也为图像重建领域做出了贡献。

2006 年,压缩感知理论的提出极大地推动了图像重建算法的发展。压缩感知理论利用信号或信息的稀疏性,显著提升了信号采集和信息处理的能力。Candès 等[15]首次将带约束的全变分最小化模型应用于图像重建,并取得了良好的重建结果。在此基础上,基于 l_1 和 l_2 范数的全变分正则化被应用于超分辨率图像重建。

双边全变分正则化方法也被应用于图像重建,并取得了良好的效果。此外,自适应正则化算法的应用也推动了超分辨率图像重建的发展,研究结果表明自适应正则化算法的重建效果优于 Tikhonov 算法。

3.4.2　基于深度学习的图像超分辨重建损失函数

损失函数是在机器学习和深度学习中常用的一个概念,用于衡量模型预测结果与真实标签之间的差异或误差程度。在图像重建领域,损失函数用于度量重建图像与目标图像之间的差异,从而指导优化过程以改进重建的质量。

选择合适的损失函数对图像重建任务的成功至关重要。常见的图像重建损失函数包括均方误差(mean squared error,MSE)损失、结构相似性指数方法(structural similarity index method,SSIM)、KL 散度(Kullback-Leibler divergence)、对抗性损失(adversarial loss)等。这些损失函数从不同角度衡量重建图像与目标图像之间的差异,反映了重建图像的准确性、相似性、感知质量等方面。

1. 均方误差损失

研究初期,研究者选择通过 L_1 距离(平均绝对误差)和 L_2 距离(均方误差)逐像素地计算重建图像与目标图像之间的欧几里得距离。这也符合直觉,图像重建的目标就是实现对目标图像的还原。

$$L_{\text{MSE}}(\theta) = \frac{1}{n} \sum_{i=1}^{n} \left\| F(X_i, \theta) - Y_i \right\|^2 \tag{3-50}$$

其中,X_i 为输入图像;θ 为网络参数;$F(X_i, \theta)$ 为重建后的图像;Y_i 为目标图像。尽管 MSE 损失具有简单和易于计算的优点，但在图像重建任务中，单独使用 MSE 损失可能无法获得理想的重建效果，原因如下：①MSE 损失对异常值敏感，如果目标图像中存在一些像素值明显偏离其他像素的异常点，MSE 损失会放大这些差异，可能导致重建图像过度关注这些异常点，而忽略其他更重要的细节；②忽略图像结构，仅关注像素级别的差异。在某些情况下，两个图像在像素值上相似，但其结构特征却存在较大差异。因此，MSE 损失可能无法捕捉到图像结构的重要信息，导致重建图像缺乏准确的结构。

通常情况下只用 MSE 损失，模型输出的重建结果会更倾向于平滑，图像的细节会被模糊，缺乏锐利的边缘和纹理，即丢失细节信息。同时，图像的亮度和对比度也会极大地影响 MSE 损失的结果，这导致模型更愿意通过调整亮度和对比度来降低损失，重建方向出现偏差。因此，在人类参与评价时，主观评价结果往往不理想。

图 3-18 直观展示了单独使用 L_1 距离和 L_2 距离以及交替使用的效果对比。可以看出，单独使用 L_1 距离比单独使用 L_2 距离训练的网络产生的结果更好。先用 L_2 距离再用 L_1 距离训练的网络$(L_2 \rightarrow L_1)$产生的结果与单独使用 L_1 距离的结果相似。先用 L_1 距离再用 L_2 距离训练的网络$(L_1 \rightarrow L_2)$的输出仍然受到平坦区域中斑点伪影的影响，但它仍然比单独使用 L_2 距离效果更好。

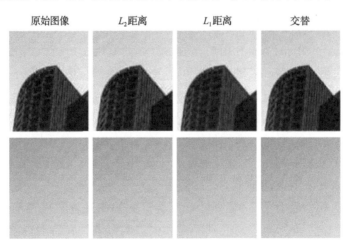

图 3-18　L_1 距离和 L_2 距离以及二者交替使用的效果对比[16]

2. 结构相似性指数方法

SSIM 是一种用于评估两幅图像之间结构相似性的指标，综合考虑了亮度、对比度和结构等方面的信息，可以更好地反映人眼感知的图像质量。

(1)亮度相似度：

$$I\big(F(X_i,\theta),Y_i\big)=\Big(2\mu_{F(X_i,\theta)}\mu_{Y_i}+C_1\Big)\Big/\big(\mu_{F(X_i,\theta)}^2+\mu_{Y_i}^2+C_1\big) \tag{3-51}$$

(2)对比度相似度：

$$C\big(F(X_i,\theta),Y_i\big)=\Big(2\sigma_{F(X_i,\theta)}\sigma_{Y_i}+C_2\Big)\Big/\Big(\sigma_{F(X_i,\theta)}^2+\sigma_{Y_i}^2+C_2\Big) \tag{3-52}$$

(3)结构相似度：

$$S\big(F(X_i,\theta),Y_i\big)=\Big(2\sigma_{F(X_i,\theta)Y_i}+C_3\Big)\Big/\Big(\sigma_{F(X_i,\theta)}\sigma_{Y_i}+C_3\Big) \tag{3-53}$$

其中，μ 为图像亮度均值；σ 为图像亮度标准差；C_1、C_2、C_3 为常数，用于避免分母为零。SSIM 计算公式如下：

$$\mathrm{SSIM}\big(F(X_i,\theta),Y_i\big)=\big|I\big(F(X_i,\theta),Y_i\big)\big|^{\alpha}\big|C\big(F(X_i,\theta),Y_i\big)\big|^{\beta}\big|S\big(F(X_i,\theta),Y_i\big)\big|^{\gamma}$$

$$\tag{3-54}$$

通过计算这些相似性指标，并综合考虑它们的权重，SSIM 提供了一个全面的图像相似性度量。此外，多尺度结构相似性指数方法(multi-scale structural similarity index method，MS-SSIM)是在 SSIM 的基础上进行改进和扩展的一种损失函数。它引入了多尺度的比较，可以更全面地捕捉图像的结构相似性，计算过程如下。

先对原始图像以不同的尺度进行下采样操作，得到一系列尺度下的图像。对于每个尺度，计算重建图像和目标图像之间的 SSIM，将不同尺度下的 SSIM 加权融合，得到 MS-SSIM 损失。通常，较高分辨率的尺度会获得较大的权重，以便模型更加关注图像的细节。

经过结构相似性计算，模型对于人类视觉的主观评价标准有较好的适应性，但是由于该评价标准容易受到噪声和失真的影响，容易出现重建图像主观较为相似但是损失值较大的结果。

图 3-19 给出了网络使用不同 σ 值时SSIM 的训练结果对比(SSIM_k 表示 $\sigma_G=k$)。图 3-19(b)～(d)显示边缘周围的噪声光晕随着 σ 的增加而逐渐增大，表明较小的 σ 有助于改善边缘。然而，对于无纹理的平坦区域(图 3-19(e)～(g))，较大的 σ 有助于减少斑点伪影。

(a) 原始图像　(b) 区域一　(c) 区域一　(d) 区域一　(e) 区域二　(f) 区域二　(g) 区域二

　　　　　　　　　　SSIM_1　　SSIM_3　　SSIM_9　　SSIM_1　　SSIM_3　　SSIM_9

图 3-19　SSIM 参数 σ 对模型训练效果的影响[16]

3. KL 散度

KL 散度也称为相对熵，是一种用于度量两个概率分布之间差异的指标，其公式表示为

$$\text{KL}(p \parallel q) = \sum \big(p(x) \log(p(x)/q(x)) \big) \tag{3-55}$$

其中，$p(x)$ 和 $q(x)$ 分别为目标分布和重建分布在某个离散点 x 上的概率；KL 散度用于衡量两个概率分布 p 和 q 之间的差异程度。通过计算在分布 p 下观测到某个事件的概率与在分布 q 下观测到该事件的概率之间的差异，来度量这两个分布之间的差异。KL 散度是非负的，当且仅当 p 和 q 相等时取得最小值零。KL 散度不具有对称性，即 $\text{KL}(p \parallel q)$ 与 $\text{KL}(q \parallel p)$ 可以不相等。

在图像重建中，KL 散度常用于衡量重建图像分布与目标图像分布之间的差异。通过最小化 KL 散度，可以使得重建图像的分布尽可能接近目标图像的分布，从而实现更好的重建效果。

4. 对抗性损失

对抗性损失是一种用于训练生成对抗网络的损失函数，它基于生成器和判别器之间的对抗过程。对抗性损失旨在使生成器能够生成逼真的样本，以欺骗判别器，同时使判别器能够准确地区分真实样本和生成样本。

在对抗性训练中，生成器和判别器是通过对抗的方式进行训练的。生成器的目标是生成与真实样本相似的虚假样本，以迷惑判别器。判别器的目标是尽可能准确地区分真实样本和生成样本。通过这种对抗过程，生成器和判别器相互竞争并逐渐提升其性能，计算公式为

$$L_{\text{gan\_g}} = \sum_{i=1}^{N} -\log\big(D(x_i)\big)$$

$$L_{\text{gan\_d}} = \sum_{i=1}^{N} -\log\big(D(x_i)\big) - \log\big(1 - D(\hat{x}_i)\big) \tag{3-56}$$

其中，$L_{\mathrm{gan\_g}}$ 和 $L_{\mathrm{gan\_d}}$ 分别为生成损失函数和判别损失函数。

除了以上列举的损失函数，还有其他专门针对特定任务或问题设计的损失函数，如对抗性损失函数、自适应权重损失函数等。通过定义合适的损失函数，可以将图像重建问题转化为一个优化问题，通过最小化损失函数来优化模型参数，从而实现更准确、真实和高质量的图像重建。

这些损失函数可以单独使用或结合在一起使用，以构建一个综合的目标函数来进行图像恢复。每种损失函数对不同任务和应用场景有各自的优势。根据具体的图像恢复任务和需求，选择适当的损失函数是非常重要的。

图 3-20 展示了以上几种损失函数的图像复原效果对比。其中 Mix 表示 MS-SSIM+L_1 距离。图 3-20 第一行显示在无纹理的平坦区域，使用 L_2 距离算法后网络大幅度减弱了噪声，但产生了明显的斑点伪影。L_1 距离的效果略好于 L_2 距离。SSIM 和 MS-SSIM 会导致颜色变化。将 MS-SSIM 与 L_1 距离相结合的 Mix 算法实现了更好的视觉效果。在图 3-20 第二行有纹理的区域中，使用 L_2 距离后虽然斑点伪影不那么明显，但仍然可见，如图 3-20(d)所示。不过 L_2 距离很好地保留了边缘的锐度，因为模糊边缘会导致较大的 L_2 距离误差。同样，Mix 算法的效果要好于其他单个损失函数训练方案。

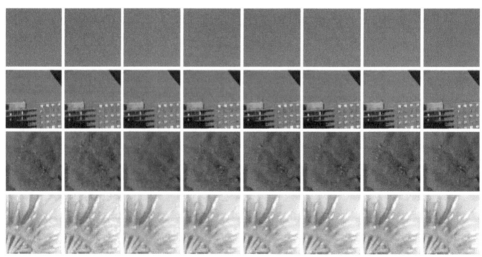

(a) 原始图像　(b) 含噪图像　(c) BM3D　(d) L_2距离　(e) L_1距离　(f) SSIM　(g) MS-SSIM　(h) Mix

图 3-20　同一网络使用不同损失函数执行图像复原效果对比[16]

参 考 文 献

[1] LeCun Y, Bengio Y, Hinton G. Deep learning. Nature, 2015, 521 (7553): 436-444.

[2] Amiri M, Derakhshandeh K. Applied artificial neural networks: From associative memories to biomedical applications//Suzuki K. Artificial Neural Networks: Methodological Advances and Biomedical Applications. Rijeka: InTech, 2011.

[3] Lehtinen J, Munkberg J, Hasselgren J, et al. Noise2Noise: Learning image restoration without clean data. https://arxiv.org/abs/1803.04189v3[2024-2-10].

[4] Krull A, Buchholz T O, Jug F. Noise2Void-learning denoising from single noisy images. IEEE/CVF Conference on Computer Vision and Pattern Recognition, Long Beach, 2019: 2129-2137.

[5] Lempitsky V, Vedaldi A, Ulyanov D. Deep image prior. IEEE/CVF Conference on Computer Vision and Pattern Recognition, Salt Lake City, 2018: 9446-9454.

[6] Mao X J, Shen C H, Yang Y B. Image restoration using convolutional auto-encoders with symmetric skip connections. https://arxiv.org/abs/1606.08921v3[2024-3-10].

[7] Ronneberger O, Fischer P, Brox T. U-Net: Convolutional networks for biomedical image segmentation. https://arxiv.org/abs/1505.04597[2024-4-30].

[8] Zhang C Y, Bengio S, Hardt M, et al. Understanding deep learning(still)requires rethinking generalization. Communications of the ACM, 2021, 64(3): 107-115.

[9] Pan J S, Dong J X, Liu Y, et al. Physics-based generative adversarial models for image restoration and beyond. IEEE Transactions on Pattern Analysis and Machine Intelligence, 2021, 43(7): 2449-2462.

[10] Kingma D P, Welling M. Auto-encoding variational Bayes. https://arxiv.org/abs/1312.6114v11[2024-2-10].

[11] Chatterjee S, Bhattacharjee S, Ghosh K, et al. Class-biased sarcasm detection using BiLSTM variational autoencoder-based synthetic oversampling. Soft Computing, 2023, 27(9): 5603-5620.

[12] Zhou Z W, Rahman Siddiquee M M, Tajbakhsh N, et al. UNet++: A nested U-Net architecture for medical image segmentation. https://arxiv.org/abs/1807.10165[2024-2-10].

[13] Esser P, Sutter E. A variational U-Net for conditional appearance and shape generation. IEEE/CVF Conference on Computer Vision and Pattern Recognition, Salt Lake City, 2018: 8857-8866.

[14] Gregor K, Danihelka I, Graves A, et al. Draw: A recurrent neural network for image generation. International Conference on Machine Learning, Lille, 2015: 1462-1471.

[15] Candès E J, Guo F. New multiscale transforms, minimum total variation synthesis: Applications to edge-preserving image reconstruction. Signal Processing, 2002, 82(11): 1519-1543.

[16] Zhao H, Gallo O, Frosio I, et al. Loss functions for image restoration with neural networks. IEEE Transactions on Computational Imaging, 2016, 3(1): 47-57.

第4章 基于张量结构的高维图像复原

4.1 高光谱成像技术基础概念

深度学习在自然图像的去噪、超分辨重建、融合等视觉任务中取得了优良的性能，但应用于多光谱图像、高光谱图像、CT 图像等高维图像时，往往难以同时兼顾其空间、光谱不同维度的特征。对于这类高维图像，如何高效地表示其不同维度的深度特征，是设计深度学习网络和图像处理算法的关键。同时，张量模型能够直观地表示数据的不同维度[1-6]，鉴于此，有机结合张量和深度学习，构建张量深度学习模型，有助于提升深度学习网络的高维特征表示能力，进而提升其在高维图像处理中的性能[7-10]。本章以高光谱图像为例介绍基于张量结构的高光谱图像处理方法。

高光谱成像技术能够在电磁波谱的紫外区、可见光区和红外区获取带宽窄并且波段连续的图像信息，为每个像素提供几十个到几百个波段的光谱信息，从而将被观测场景中每个像素的光谱特性以完整的光谱曲线形式记录[11-15]。高光谱图像数据是一个三维的数据立方体，如图 4-1(a)所示，它的每一层代表在某一波段采集的图像，每个像素点位置对应一个观测向量。经过定标和大气校正后，可以获得高光谱数据中每个像素点所对应的光谱反射率，如图 4-1(b)所示。不同的地物对应不同的光谱反射率，高光谱成像探测技术则是利用不同地物的不同光谱特征实现目标的检测和分类[16]。

高光谱成像设备按成像方式主要可以分为两大类：一类是传统的成像方式，另一类是压缩成像方式。传统成像方式的空间扫描方式包括摆扫式（whiskbroom）、推扫式（push broom）和波段帧序列式（framing），通过色散、干涉或滤光获取光谱信息。目前，国外的几种典型星载或机载高光谱成像仪均属于这种成像方式，这些成像方式尽可能完全地将三维高光谱数据完整地记录下来，但由于高光谱图像的高维度性，产生了海量的数据。庞大的数据给采集、传输和存储带来了极大的负担，是这类成像方式的重要缺陷之一。

压缩成像方式只随机采集极少量的样本，从而克服了传统高光谱成像方式所采集数据量过大的缺点。压缩感知理论表明，当信号在某些变换域满足稀疏先验时，可以在远低于奈奎斯特频率的采样频率下实现压缩采样，从而极大地

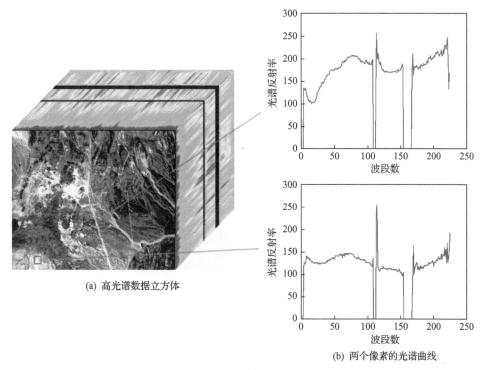

(a) 高光谱数据立方体

(b) 两个像素的光谱曲线

图 4-1　高光谱数据示意图

减少采样数据。原始的高光谱图像可通过压缩采样数据在稀疏性等先验条件下高精度重构。目前，已有部分压缩光谱成像原理样机，以色列本·古里安大学利用数字微镜设备(digital micromirror device，DMD)在各像素点设置开关状态对空间维数据压缩采样，利用色散光栅或光谱仪获取光谱维数据。该技术类似于单像素相机(single pixel camera)，需要对 DMD 数据进行多次编码、多次曝光，导致成像时间过长。美国杜克大学 Brady 等设计出一次曝光的编码孔径快照光谱成像仪(coded aperture snapshot spectral imager，CASSI)，如图 4-2 所示，该技

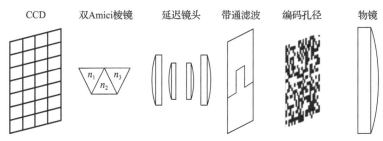

图 4-2　编码孔径快照光谱成像仪结构

CCD 指电荷耦合器件

术利用编码孔径对高光谱数据的空间维进行压缩编码，和单像素相机多次曝光不同，该成像仪只需一次曝光即可完成压缩成像，大大缩短了成像时间。

4.2　基于非局部低秩正则的图像去噪

4.2.1　稀疏表示的去噪模型

自然场景的信号或图像在某些基或字典上存在稀疏性，而噪声不具备这样的性质。稀疏性可以用作信号重构的先验知识，在图像去噪等领域获得广泛研究。假设图像被噪声污染的模型为

$$Y = X + W \tag{4-1}$$

其中，$X, Y, W \in \mathbb{R}^{M \times N}$ 分别为无噪图像、含噪图像和噪声，M 和 N 分别为图像的行数和列数；W 为均值为零、标准差为 σ 的高斯噪声。去噪的目的是从含噪声的量测 Y 中估计 X。由于去噪是病态的不适定问题，引入信号的先验信息可以获得更好的去噪效果。信号在小波变换域和字典上的稀疏性可以用作去噪问题的正则项（从贝叶斯的观点看为先验信息）：

$$\{D, \alpha\} = \arg\min_{D, \alpha} \|Y - D\alpha\|_2^2 + \eta \|\alpha\|_0 \tag{4-2}$$

其中，D 为小波基或字典；α 为信号或图像在字典上的表示系数，只有少量的元素非零；$\|\cdot\|_2$ 表示 l_2 范数，度量重构数据与原始数据间的保真性；$\|\cdot\|_0$ 表示 l_0 范数，度量稀疏性；参数 η 调节两项间的权值。上述目标函数通过交替迭代优化求解，首先估计字典 D，求解表示系数 α，这一阶段称为稀疏编码；再固定表示系数 α，求解字典 D，称为字典更新，两个过程交替进行，直到收敛条件满足。l_0 范数是非凸(non-convex)的，求解 l_0 问题是 NP 问题。为了求解方便，很多应用中 l_0 范数以 l_1 范数代替：

$$\{D, \alpha\} = \arg\min_{D, \alpha} \|Y - D\alpha\|_2^2 + \eta \|\alpha\|_1 \tag{4-3}$$

l_1 范数对元素的绝对值求和，很多凸优化算法可以用来求解上述问题。稀疏表示方法能够去除噪声的原因在于以下三个方面：

(1)无噪的信号和图像可以由字典重构，而噪声不能由字典重构；

(2)噪声在字典训练过程中得到抑制，字典训练只利用了无噪的有用信号；

(3)迭代算法(如正交匹配跟踪(orthogonal matching pursuit, OMP))在表示误差小于某一阈值时已停止迭代, 避免多余的迭代重构出噪声和误差。

4.2.2　低秩正则的图像去噪模型

低秩-稀疏矩阵分解理论认为, 任意的低秩矩阵, 当受到少数的离群点(outlier)和白噪声干扰时, 该低秩矩阵仍然可以很好地恢复。假设高光谱图像 $Y \in \mathbb{R}^{MN \times L}$ 在少数波段噪声严重, 而其他波段受轻微的白噪声干扰, 则噪声模型可以写为

$$Y = X + S + G \tag{4-4}$$

其中, $S \in \mathbb{R}^{MN \times L}$ 为某些波段的严重噪声或离群点, 由于只是少数的波段噪声严重, S 的少数元素非零, 表现出稀疏性; $G \in \mathbb{R}^{MN \times L}$ 为其他波段的高斯噪声; $X \in \mathbb{R}^{MN \times L}$ 为无噪的高光谱图像; X 是低秩的。以低秩为正则项的去噪目标函数为

$$\{X, S\} = \arg \min_{X, S} \|Y - X - S\|_2^2 + \tau \|X\|_* + \gamma \|S\|_1 \tag{4-5}$$

其中, $\|\cdot\|_*$ 表示核范数; 正则参数 τ 和 γ 分别调节稀疏性和低秩性的权值。式(4-5)只利用 X 的低秩性和 S 的稀疏性, 由于严重噪声 S 只在少数波段上出现, S 非零元素聚集在少数的波段上, 矩阵 S 的少数列非零, 式(4-5)中 S 的 l_1 范数可以用更强的 $l_{2,1}$ 范数代替, 即

$$\{X, S\} = \arg \min_{X, S} \|Y - X - S\|_2^2 + \tau \|X\|_* + \gamma \|S\|_{2,1} \tag{4-6}$$

其中, $\|S\|_{2,1} = \sum_j \left(\sum_i S_{i,j}^2 \right)^{1/2}$, $l_{2,1}$ 范数要求矩阵 S 的非零元素聚集在少数的列上。

值得指出的是, 变分方法的图像去噪中单一的正则项不一定获得很好的去噪效果, 将多个正则项结合使用可能获得更好的去噪效果。一阶微分作为正则项的去噪结果对正则参数很敏感, 导致去噪后图像的边缘易出现模糊或噪声去除不彻底。基于低秩-稀疏矩阵分解的高光谱图像去噪方法尽管可以有效地去除高斯噪声和离群点, 但是这类方法都假设图像主要在少数波段受严重噪声 S 干扰, 在绝大多数波段的高斯噪声强度很低。当这些波段所受的高斯噪声强度增加时, 矩阵 S 的稀疏性很难满足, 这类去噪方法的性能会下降, 此时简单的低秩-稀疏矩阵分解已不能有效地去除噪声, 如果引入全变分正则项或一阶微

分项，对高斯噪声的去除能力则会变强。

4.2.3　张量分解的图像去噪模型

尽管上述高光谱图像去噪考虑了空间-光谱信息，但稀疏、低秩去噪方法在计算中都将高光谱图像向量化处理，导致原有结构信息丢失与改变。利用张量理论对去噪问题建模则可以避免这一问题。目前利用张量表示方法去除高光谱图像噪声主要依据张量分解理论，即张量 Tucker 分解和 CP 分解。通过估计张量各个维度的秩，从而在各个维度上将信号子空间和噪声子空间分离。

1. Tucker 分解和高维维纳滤波

根据 Tucker 分解理论，张量可以分解为一个核张量与各个维度上因子矩阵的乘积，该计算过程类似于高维数据与各个维度的滤波操作。因此，可利用张量 Tucker 分解理论对高维数据进行去噪问题建模，例如，对于给定的噪声高光谱图像 $\mathcal{Y} \in \mathbb{R}^{M \times N \times L}$，可通过 $\mathcal{Y}$ 与各个维度上的滤波矩阵乘积得到降噪的图像 $\mathcal{X} \in \mathbb{R}^{M \times N \times L}$，具体操作如下：

$$\mathcal{X} = \mathcal{Y} \times_1 H^{(1)} \times_2 H^{(2)} \times_3 H^{(3)} \tag{4-7}$$

其中，$H^{(1)} \in \mathbb{R}^{M \times M}$、$H^{(2)} \in \mathbb{R}^{N \times N}$ 和 $H^{(3)} \in \mathbb{R}^{L \times L}$ 分别为各个维度上的滤波矩阵，在最小均方误差准则下通过交替最小二乘方法学习各个维度上的滤波矩阵。该滤波方法如图 4-3 所示。将张量高维维纳滤波和高光谱图像的自相似性结合，将高光谱图像划分为重叠的三维图像块，对相似的三维图像块聚类构成四阶张量，对此四阶张量进行高维维纳滤波。从相似三维图像块学习得到的滤波矩阵有更强的自适应性，其去噪效果也更好。张量高维维纳滤波也可以和小波方法

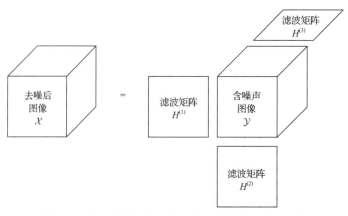

图 4-3　基于高维维纳滤波的高光谱图像去噪示意图

结合。对含噪声的高光谱图像进行小波包分解，对每个子频带的小波系数进行张量高维维纳滤波，由于在小波域上信号和噪声表现不同的分布特性，小波域上高维维纳滤波的效果优于在空域高维维纳滤波。

2. CP 分解和高光谱图像降噪

张量分解的另一种经典模型是 CP 分解，将张量分解为若干秩 1 张量的和。CP 分解可看成 Tucker 分解的特例，当 Tucker 分解中的核张量为对角张量时，Tucker 分解退化为 CP 分解。对三阶张量 $\mathcal{X} \in \mathbb{R}^{M \times N \times L}$，其 CP 分解为

$$\mathcal{X} = \sum_{r=1}^{R} \lambda_r u_r \circ v_r \circ w_r \tag{4-8}$$

其中，$\circ$ 代表向量的外积，三个向量的外积 $u_r \circ v_r \circ w_r$ 是秩为 1 的三阶张量，λ_r 为其权值；秩 1 张量的个数 R 为张量 $\mathcal{X}$ 的 CP 秩；权值 λ_r 越大，表示对应的秩 1 张量和 $\mathcal{X}$ 间的相关程度越高。根据这样的分析，对含噪声高光谱图像进行 CP 分解，权值较小的秩 1 张量是由噪声分量产生的，舍去这些秩 1 张量可得到去噪后的高光谱图像，如图 4-4 所示，将权值从大到小排列，前 K 个较大权值对应的秩 1 张量构成信号，其他秩 1 张量则认为来自噪声而被舍去。

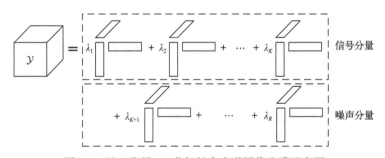

图 4-4　基于张量 CP 分解的高光谱图像去噪示意图

基于高维维纳滤波和张量 CP 分解的高光谱图像去噪都需要确定无噪高光谱图像的 CP 秩及其各个维度上的秩，目前秩的估计方法有 Akaike 信息准则（Akaike information criterion）方法和最小描述长度（minimum description length）方法，但是采用不同估计方法得到的秩差别较大，由此可见，简单而有效地确定高光谱图像的 CP 秩及其各个维度上的秩是未来的研究方向之一。

对于式(4-8)，通过估计一系列的秩 1 张量，以便复原的张量 $\hat{\mathcal{X}}$ 尽可能地接近无噪张量 $\mathcal{X}$（或者信号成分），即最小化理想信号张量和重构信号张量之间的均方误差：

$$\min_{\mathcal{X}} \left\| \mathcal{X} - \hat{\mathcal{X}} \right\|^2, \quad \hat{\mathcal{X}} = \sum_{r=1}^{R} \lambda_r u_r \circ v_r \circ w_r \tag{4-9}$$

利用 Khatri-Rao 积，$\mathcal{X}$ 的第一个维度的展开矩阵可以通过式(4-10)给出：

$$\mathrm{mat}_1 \hat{\mathcal{X}} = U\Lambda(W \odot V)^{\mathrm{T}}, \quad \Lambda = \mathrm{diag}(\lambda_1, \lambda_2, \cdots, \lambda_R) \tag{4-10}$$

式(4-10)的解可用交替最小二乘法在每个维度上进行优化求得。每一次迭代中，通过固定其他维度的因子矩阵求解一个因子矩阵。这里，在第一个维度，通过固定 U 和 W，给出优化 U 的推导过程：

$$\left\| \mathrm{mat}_1 \hat{\mathcal{X}} - \hat{U}(W \odot V)^{\mathrm{T}} \right\|^2 \tag{4-11}$$

其中，$\hat{U} = U\Lambda$，那么它的最优解为

$$\hat{U} = \mathrm{mat}_1 \hat{\mathcal{X}} \cdot \left((W \odot V)^{\mathrm{T}} \right)^{+} = \mathrm{mat}_1 \hat{\mathcal{X}} \cdot (W \odot V) \cdot \left(W^{\mathrm{T}}W \cdot V^{\mathrm{T}}V \right)^{+} \tag{4-12}$$

同理，$\hat{V}$ 和 $\hat{W}$ 也可以用相同的方式求解。

由于目前还没有简单的方法求解 R，这使得很难完全将信号成分和噪声成分分离。如图 4-5 所示，如果 R 较大，信号成分中仍然含有噪声，也就不能完全去除噪声；如果 R 较小，则可能会导致纹理和细节信息的丢失。

(a) 参考图像　　　　　　(b) 噪声图像　　　　　(c) $R=100$(PSNR=23.34)

(d) $R=50$(PSNR=20.15)　　　(e) $R=20$(PSNR=17.21)

图 4-5　不同张量 CP 秩对应的去噪结果对比

4.2.4　非局部低秩正则高光谱图像去噪

针对 CP 秩的估计偏差对去噪性能的影响，引入高光谱图像的空间和光谱信息对 CP 分解模型进行约束，并研究非局部低秩正则秩 1 张量分解(nonlocal low-rank regularized rank-1 tensor decomposition，NLR-R1TD)的高光谱图像去噪方法，该方法分两步实现：非局部图像块聚类和低秩正则[17]。

第一步，从大小为 $H \times W \times L$ 含噪的三维高光谱图像中提取三维图像块，对于每一个中心图像块 $\mathcal{P}_i$ (大小为 $h \times w \times L$，空间位置为 i)，在一个局部窗口(如其大小为 70×70)内搜索相似的图像块。具体来说，通过 k 最近邻(k-nearest neighbor，k-NN)方法进行聚类。聚类之后，将每一个三维图像块矩阵化，然后将所有的矩阵组合为三阶张量，即 $\left\{ \mathcal{Y}_i \in \mathbb{R}^{n \times m \times L} \right\}_{i=1}^{N}$ ($N = (H-h+1)(W-w+1)$)。

第二步，对于每一个重新组合的张量 $\mathcal{Y}_i$，由于高光谱图像空间光谱维的相关性，它相应的无噪张量 $\mathcal{X}_i$ 具有低秩特性。因此，$\mathcal{X}_i$ 可以从下面的低秩正则的去噪模型中求得，即

$$\left\| \mathcal{Y}_i - \mathcal{X}_i \right\|_F^2 + \lambda \mathcal{L}(\mathcal{X}_i) \tag{4-13}$$

其中，λ 为正则化参数；$\mathcal{L}(\mathcal{X}_i)$ 为低秩正则函数。三阶张量 $\mathcal{X}_i$ 的低秩性质可以通过三个维度展开矩阵的秩的加权和来表征：

$$\mathrm{rank}\left(\mathcal{X}_i\right) = \sum_{n=1}^{3} \alpha_n \mathrm{rank}\left(\mathcal{X}_{i(n)}\right) \tag{4-14}$$

其中，$\alpha_n > 0$ 且满足 $\sum_{n=1}^{3} \alpha_n = 1$。由于式(4-14)中低秩约束优化是很难优化的，根据矩阵核范数可以作为矩阵秩的紧凸松弛，那么式(4-14)中的秩约束可以用以下 TNN 代替：

$$\left\| \mathcal{X}_i \right\|_* = \sum_{n=1}^{3} \alpha_n \left\| \mathcal{X}_{i(n)} \right\|_* \tag{4-15}$$

其中，$\|\cdot\|_*$ 表示矩阵的核范数；$\mathcal{X}_{i(n)}$ 为张量 $\mathcal{X}_i$ 在第 n 个维度的矩阵展开。

根据上述分析，不再专门去估计张量的秩，而是通过对无噪的张量施加非局部的低秩正则进行秩 1 张量分解，这一正则考虑了高光谱图像的空间光谱信息。因此，可得到以下高光谱图像正则化去噪模型：

$$\underset{\mathcal{X}_i}{\arg\min} \left\| \mathcal{Y}_i - \mathcal{X}_i \right\|_F^2 + \lambda \mathcal{L}(\mathcal{X}_i) \quad \text{s.t. } \mathcal{X}_i = \sum_{j=1}^R \lambda_{ij} u_{ij} \circ v_{ij} \circ w_{ij} \tag{4-16}$$

其中，λ 为正则化参数；$\mathcal{L}(\mathcal{X}_i)$ 为式 (4-15) 的低秩正则函数。

引入 N 个辅助张量 $\{\mathcal{M}_i\}_{i=1}^N$，将式 (4-16) 等价转化为

$$\underset{\mathcal{M}_i, \{u_{ij}, v_{ij}, w_{ij}\}_{j=1}^R}{\arg\min} \frac{1}{2} \left\| \mathcal{Y}_i - \sum_{j=1}^R \lambda_{ij} u_{ij} \circ v_{ij} \circ w_{ij} \right\|_F^2 + \lambda \left\| \mathcal{M}_i \right\|_* \quad \text{s.t. } \mathcal{M}_i = \sum_{j=1}^R \lambda_{ij} u_{ij} \circ v_{ij} \circ w_{ij}$$

$$\tag{4-17}$$

根据交替方向乘子法 (aternating direction method of multipliers，ADMM)，它的增广拉格朗日形式为

$$\mathcal{L}\left(\mathcal{M}_i, \{u_{ij}, v_{ij}, w_{ij}\}_{j=1}^R, \mathcal{Z}_i \right) = \frac{1}{2} \left\| \mathcal{Y}_i - \sum_{j=1}^R \lambda_{ij} u_{ij} \circ v_{ij} \circ w_{ij} \right\|_F^2 + \lambda \left\| \mathcal{M}_i \right\|_*$$

$$+ \left\langle \mathcal{M}_i - \sum_{j=1}^R \lambda_{ij} u_{ij} \circ v_{ij} \circ w_{ij}, \mathcal{Z}_i \right\rangle + \frac{\mu}{2} \left\| \mathcal{M}_i - \sum_{j=1}^R \lambda_{ij} u_{ij} \circ v_{ij} \circ w_{ij} \right\|_F^2$$

$$\tag{4-18}$$

其中，$\mathcal{Z}_i$ 为拉格朗日乘子；μ 为大于 0 的参数。那么，在 ADMM 框架下，可以利用以下三个子问题来等价地求解上述问题。

(1) 固定 $\mathcal{M}_i$、$\mathcal{Z}_i$，求解 $\{u_{ij}, v_{ij}, w_{ij}\}_{j=1}^R$：

$$\min_{\{u_{ij}, v_{ij}, w_{ij}\}_{j=1}^R} \frac{1}{2} \left\| \mathcal{O}_i - \sum_{j=1}^R \lambda_{ij} u_{ij} \circ v_{ij} \circ w_{ij} \right\|_F^2 \tag{4-19}$$

其中，$\mathcal{O}_i = \left[\mathcal{Y}_i + \mu(\mathcal{M}_i - \mathcal{Z}_i) \right] / (1 + \mu)$。ADMM 可以很容易解决上述子问题，对应的解可在每个维度上优化得到。

(2) 固定 $\mathcal{Z}_i$、$\{u_{ij}, v_{ij}, w_{ij}\}_{j=1}^R$，求解 $\mathcal{M}_i$：

$$\min_{\mathcal{M}_i} \frac{\lambda}{\mu} \left\| \mathcal{M}_i \right\|_* + \frac{1}{2} \left\| \mathcal{Q}_i + \frac{1}{\mu} \mathcal{Z}_i - \mathcal{M}_i \right\|_F^2 \tag{4-20}$$

其中，$Q_i = \sum_{j=1}^{R} \lambda_{ij} u_{ij} \circ v_{ij} \circ w_{ij}$。该式存在闭式解，可以根据下面的公式更新 $\mathcal{M}_i$：

$$\mathcal{M}_i = \mathrm{fold}_i\left(U \Sigma_{\lambda,\mu} V^{\mathrm{T}}\right) \tag{4-21}$$

其中，$\Sigma_{\lambda,\mu} = \mathrm{diag}\left(D_{\lambda,\mu}(\sigma_1), D_{\lambda,\mu}(\sigma_2), \cdots, D_{\lambda,\mu}(\sigma_n)\right)$，$D_{\lambda,\mu}(x)$ 为软阈值算子，$\mathrm{diag}(\sigma_1, \sigma_2, \cdots, \sigma_n) V^{\mathrm{T}}$ 为 $\mathrm{unfold}_k\left(Q_i + \mathcal{Z}_i / \mu\right)$ 的奇异值分解。

（3）固定 $\mathcal{M}_i$、$\left\{u_{ij}, v_{ij}, w_{ij}\right\}_{j=1}^{R}$，更新拉格朗日乘子 $\mathcal{Z}_i$：

$$\mathcal{Z}_i = \mathcal{M}_i - \sum_{j=1}^{R} \lambda_{ij} u_{ij} \circ v_{ij} \circ w_{ij} \tag{4-22}$$

经过求解上述三个子问题，可以计算出无噪的张量为

$$\mathcal{X}_i = \sum_{j=1}^{R} \lambda_{ij} u_{ij} \circ v_{ij} \circ w_{ij} \tag{4-23}$$

对 Washington DC Mall 数据加入混合高斯泊松噪声，泊松噪声和高斯噪声的尺度参数分别为 $\kappa = 2$ 和 $\sigma = 0.1$，NLR-R1TD 方法的去噪效果如图 4-6 所示。

(a) 参考图像　　　　　　　　(b) 降噪图像　　　　　　　(c) NLR-R1TD 处理图像

图 4-6　Washington DC Mall 数据在第 12 波段的去噪结果

4.3　基于非凸张量秩最小化的高光谱图像压缩重建

对于高光谱图像 $\mathcal{X} \in \mathbb{R}^{W \times H \times S}$（空间分辨率为 $W \times H$，光谱波段为 S），$x \in \mathbb{R}^{W \times H \times S}$ 为 $\mathcal{X}$ 的向量化表达，即 $x = \mathrm{vec}(\mathcal{X})$。那么，可以通过式 (4-24) 获得压缩测量 $y \in \mathbb{R}^{M}$：

$$y = \Phi x \tag{4-24}$$

其中，$\varPhi \in \mathbb{R}^{M \times N}(M < N)$ 为压缩算子，$N = WHS$。采样率（sampling rate，SR）定义为 M/N。由于 $M < N$，压缩算子 $\varPhi \in \mathbb{R}^{M \times N}$ 是一个秩亏（rank-deficient）矩阵，这导致很难直接从式（4-24）中获得 x 的最优解。压缩感知理论表明，当压缩算子 $\varPhi$ 满足约束等距性质（restricted isometry property，RIP）时，就能从较少的观测值 y 中准确地重建出足够稀疏的信号 x。基于部分傅里叶变换矩阵的随机矩阵不仅满足 RIP 条件，而且在图像处理中计算效率高，因此可以通过随机采样高光谱图像的傅里叶变换系数来生成压缩测量，并通过稀疏约束精确地恢复原始信号。

图 4-7 给出了高光谱图像的低秩性分析。首先，对于初始化高光谱图像，将其分割为三维全波段图像块（full-band patch，FBP）。对于空间位置为 p 的 $8 \times 8 \times 60$ 中心立方体（图 4-7(a) 中红色标记），首先在局部窗口（如 70×70）内通过 k-NN 算法搜索 $M-1$ 个相似立方体，然后为了避免破坏空谱相关性，将三维立方体沿着光谱维展开为相应二维矩阵（图 4-7(c)），通过堆叠相似的二维矩阵（图 4-7(d)），得到一个大小为 $64 \times 105 \times 60$ 的三阶张量，按照类似的方式可以构造出 P 个三阶张量 $\mathcal{X}_p(p=1,2,\cdots,P)$。这种形式构造的三阶张量可同时保留空间局部稀疏性（模-1）、非局部相似性（模-2）和光谱高度相关性（模-3），便于利用非凸张量秩最小化（nonconvex tensor rank minimization，NTRM）来刻画高光谱图像的结构稀疏性。在此基础上，提出基于张量秩最小化的高光谱图像压缩重建（hyperspectral image compressed reconstruction，HSI-CR）方法[17]。

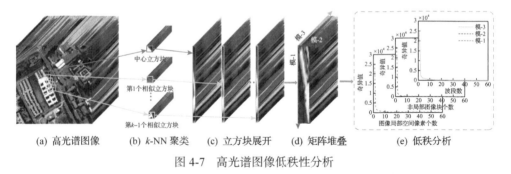

(a) 高光谱图像　　(b) k-NN 聚类　　(c) 立方块展开　　(d) 矩阵堆叠　　(e) 低秩分析

图 4-7　高光谱图像低秩性分析

对于三阶张量 $\mathcal{X}_p$，可以建模为 $\mathcal{X}_p = \mathcal{T}_p + \mathcal{W}_p$，其中 $\mathcal{T}_p$ 和 $\mathcal{W}_p$ 分别为低秩分量和高斯噪声。因此，可以通过 NTRM 问题来估计张量 $\mathcal{X}_p$ 的低秩成分，如下：

$$\min_{\mathcal{X}_p} \sum_{n=1}^{3} \alpha_n \left\| \mathcal{T}_{p(n)} \right\|_{\log_\varepsilon} \quad \text{s.t.} \ \left\| \mathcal{X}_p - \mathcal{T}_p \right\|_F^2 \leqslant \nu \tag{4-25}$$

其中，ν 为噪声张量 $\mathcal{W}_p$ 的方差。那么所有的 $\mathcal{X}_p$ 都可以通过式（4-25）中的低秩

张量 $\mathcal{T}_p$ 进行近似。基于非凸张量秩的最小化，提出用于高光谱压缩测量恢复的目标函数，如下：

$$\min_{x,\mathcal{T}_p}\|y-\varPhi x\|_2^2+\gamma\sum_{n=1}^{3}\alpha_n\|\mathcal{T}_{p(n)}\|_{\log_\varepsilon}\quad\text{s.t. }\|\mathcal{X}_p-\mathcal{T}_p\|_F^2\leqslant\nu\qquad(4\text{-}26)$$

实际上，这个约束最小化问题等价转化为以下无约束最小化问题：

$$\min_{x,\mathcal{T}_p}\|y-\varPhi x\|_2^2+\sum_{p=1}^{P}\left\{\eta\|\mathcal{X}_p-\mathcal{T}_p\|_F^2+\gamma\sum_{n=1}^{3}\alpha_n\|\mathcal{T}_{p(n)}\|_{\log_\varepsilon}\right\}\qquad(4\text{-}27)$$

其中，η 和 γ 为正则化参数。等价地将式(4-27)分解成两个子问题，通过固定其他变量来迭代更新另一个变量。

1. 优化 $\mathcal{T}_p$

在保持其他变量不变的情况下，关于 $\mathcal{T}_p$ 的优化函数为

$$\mathcal{T}_p=\arg\min_{\mathcal{T}_p}\|\mathcal{X}_p-\mathcal{T}_p\|_F^2+\gamma\sum_{n=1}^{3}\alpha_n\|\mathcal{T}_{p(n)}\|_{\log_\varepsilon}\qquad(4\text{-}28)$$

由于式(4-28)是一个光滑的非凸优化问题，关键是求解以下非凸优化问题：

$$\min_X\sum_{j=1}^{r}\lambda\log\left(\sigma_j(X)+\varepsilon\right)+\frac{1}{2}\|Y-X\|_F^2$$

该问题经证明可以等价地转化为线性约束的二次规划问题。通过使用现成的非凸优化求解方法，可以很容易得到原问题的全局最优解。具体来说，首先引入辅助函数 $g\left(\sigma_j(X)\right)=\log\left(\sigma_j(X)+\varepsilon\right)$ 和 $f(X)=\|Y-X\|_F^2$，形成新的极小化问题：

$$\min_X F(X)=\min_X\sum_{j=1}^{r}\lambda g\left(\sigma_j(X)\right)+f(X)\qquad(4\text{-}29)$$

根据函数 $g(\sigma_j(X))$ 的凹性质，有 $g\left(\sigma_j\right)\leqslant g\left(\sigma_j^k\right)+d_j^k\left(\sigma_j-\sigma_j^k\right)$（$\sigma_j=\sigma_j(X)$，$\sigma_j^k=\sigma_j(X^k)$）和 $d_j^k\in\partial g\left(\sigma_j^k\right)$，且 d_j^k 单调递减。此外，由于 $\sigma_1^k\geqslant\sigma_2^k\geqslant\cdots\geqslant\sigma_m^k\geqslant0$，可得

$$0\leqslant d_1^k\leqslant d_2^k\leqslant\cdots\leqslant d_m^k\qquad(4\text{-}30)$$

因此，问题(4-29)可等价转化为

$$X^{k+1} = \arg\min_X \sum_{j=1}^{r} \lambda g\left(\sigma_j^k\right) + \lambda d_j^k\left(\sigma_j - \sigma_j^k\right) + f(X) = \arg\min_X \lambda \sum_{j=1}^{r} d_j^k \sigma_j + f(X)$$

$$(4\text{-}31)$$

此外，函数 f 满足以下性质。

(1) $f: \mathbb{R}^{m\times n} \to \mathbb{R}^+$ 是一个连续可微函数，即 f 的梯度是 Lipschitz 连续的，如下：

$$\left\| \nabla f(X) - \nabla f(Y) \right\|_F \leqslant L(f) \left\| X - Y \right\|_F$$

$$(4\text{-}32)$$

其中，$L(f) > 0$ 为 ∇f 的 Lipschitz 常数。

(2) $f(X) \to \infty, \mathrm{iff} \|X\|_F \to \infty$，那么 $f(X)$ 在 X^k 处的一阶泰勒级数展开式为

$$f(X) \approx f\left(X^k\right) + \left\langle \partial f\left(X^k\right), X - X^k \right\rangle + \frac{\partial^2 f\left(X^k\right)}{2} \left\| X - X^k \right\|_F$$

$$(4\text{-}33)$$

通过求解下列问题，生成序列 $\left\{ X^k \right\}$：

$$X^{k+1} = \arg\min_X \sum_{j=1}^{r} \lambda d_j^k \sigma_j + f\left(X^k\right) + \left\langle \partial f\left(X^k\right), X - X^k \right\rangle + \frac{\partial^2 f\left(X^k\right)}{2} \left\| X - X^k \right\|_F$$

$$= \arg\min_X \sum_{j=1}^{r} \lambda d_j^k \sigma_j + \frac{\partial^2 f\left(X^k\right)}{2} \left\| X - \left(X^k - \frac{2}{\partial^2 f\left(X^k\right)} \right) \right\|_F$$

$$(4\text{-}34)$$

问题(4-34)仍然是非凸的，如果权值 d_i^k 按非递减排列，可利用加权核范数最小化(weighted nuclear norm minimization，WNNM)算子求解问题(4-34)的全局解，WNNM 问题如引理 4-1 所示。

引理 4-1　对任意的 $\lambda > 0$，$Y \in \mathbb{R}^{m\times n}$ $(m < n)$ 和 $0 \leqslant d_1^k \leqslant d_2^k \leqslant \cdots \leqslant d_m^k$，WNNM 问题如下：

$$X = \arg\min_X \lambda \sum_{j=1}^{r} d_j \sigma_j(X) + \frac{1}{2} \left\| Y - X \right\|_F^2$$

$$(4\text{-}35)$$

该问题的全局最优解可以通过以下奇异值阈值算子求得：

$$X^* = D_{\lambda,d}(Y) = U S_{\lambda,d} \Sigma V^{\mathrm{T}}$$

$$(4\text{-}36)$$

其中，$Y = U\Sigma V^{\mathrm{T}}$ 为 Y 的奇异值分解；$S_{\lambda, d}\left(\Sigma_{jj}\right) = \max\left\{\Sigma_{jj} - \lambda d/2, 0\right\}$。

显然问题(4-28)的求解，本质上是加权张量迹范数最小化问题，并可通过式(4-37)求解：

$$\mathcal{T}_{p(n)} = \mathrm{fold}_n\left(D_{\gamma\alpha_n, d}\left(\mathrm{unfold}_n\left(\mathcal{X}_p\right)\right)\right) \tag{4-37}$$

其中，权重 d 可根据矩阵 $\mathrm{unfold}_n\left(\mathcal{X}_p\right)$ 的奇异值大小自适应调整，并进一步得到 $\mathcal{T}_p = \sum_{n=1}^{3} \alpha_n \mathcal{T}_{p(n)}$。

2. 优化 x

在保持其他变量不变的情况下，关于 x 的优化函数为

$$x = \underset{x}{\arg\min}\left\|y - \Phi x\right\|_2^2 + \eta \sum_{p=1}^{P}\left\|\mathcal{X}_p - \mathcal{T}_p\right\|_F^2 \tag{4-38}$$

将所有的 $\mathcal{T}_p$ 聚合成对应于 $\mathcal{X}$ 的张量 $\mathcal{T}$，则上述问题等价为

$$x = \underset{x}{\arg\min}\left\|y - \Phi x\right\|_2^2 + \eta\left\|x - t\right\|_F^2 \tag{4-39}$$

其中，$t = \mathrm{vec}(\mathcal{T})$。显然式(4-39)是二次优化问题，其存在闭式解，如下：

$$x = \left(\Phi^{\mathrm{T}}\Phi + \eta I\right)^{-1}\left(\Phi^{\mathrm{T}}y + \eta t\right) \tag{4-40}$$

以上是非凸张量秩最小化的高光谱图像压缩重建(NTRM HSI-CR)模型的详细优化过程，通过逐一交替更新以上变量，可得到这些变量的局部最优解。

图 4-8 和图 4-9 分别为当 SR=0.10 和 SR=0.15 时，重建 Pavia 和 Indian Pines 数据集在三个波段(55, 30, 5)和(23, 13, 3)上的伪彩色图像对比。可以观察到：本节提出的方法优于其他方法，如图中放大区域(方框内)所示，本节提出的方法较好地复原了大尺度边缘和小尺度精细纹理结构；分段正交匹配追踪(stagewise orthogonal matching pursuit, StOMP)方法在重建过程中产生了严重的噪声，贝叶斯压缩感知(Bayesian compressive sensing, BCS)和克罗内克压缩感知(Kronecker compressive sensing, KCS)则容易产生细节模糊。联合张量正则和全变分(joint tensor regularization and total variation, JTRTV)取得较好的结果，但是易受到噪声的干扰。总体来说，NTRM HSI-CR 方法是最有效的，能

够保留高光谱图像的局部细节和结构信息。

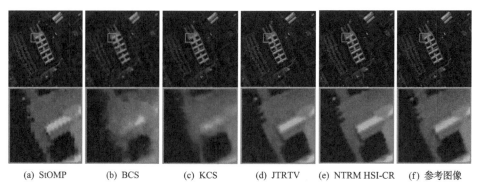

　　(a) StOMP　　　(b) BCS　　　(c) KCS　　　(d) JTRTV　　(e) NTRM HSI-CR　　(f) 参考图像

图 4-8　在 Pavia 上，当采样率 SR 为 0.10 时，不同方法的压缩重建结果
在波段 $(55, 30, 5)$ 的伪彩色图像对比

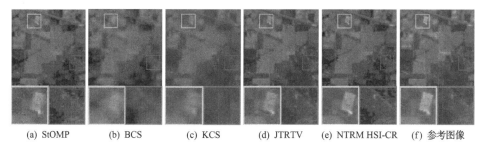

　　(a) StOMP　　　(b) BCS　　　(c) KCS　　　(d) JTRTV　　(e) NTRM HSI-CR　　(f) 参考图像

图 4-9　在 Indian Pines 上，当采样率 SR 为 0.15 时，不同方法的压缩重建结果
在波段 $(23, 13, 3)$ 的伪彩色图像对比

4.4　耦合张量分解高光谱-多光谱图像联合去噪与融合

　　针对含有混合噪声的高光谱-多光谱图像融合问题，本节提出一种耦合张量分解和非凸低秩正则化的联合去高斯噪声和融合方法[18]。基于 Tucker 分解，可以将高光谱图像和多光谱图像均视为三阶张量，进而用核张量乘以三模因子矩阵进行表示。这样，高光谱-多光谱图像融合问题就转化为对核张量和因子矩阵的估计问题。在此问题中，宽度模和高度模的因子矩阵携带着融合图像的空间信息，而光谱模的因子矩阵则蕴含着融合图像的光谱信息。核张量刻画了三模因子矩阵之间的关系。同时，理想的融合图像往往具有低秩性，而传统的核范数对秩的逼近能力有限，从而影响融合效果的提升。为此引入 γ 范数对秩进行更有效的逼近，通过迭代求解直到收敛。这样，因子矩阵和核张量在每次迭代中都会更新，从而得到准确的估计值。

高光谱-多光谱图像融合方案如图 4-10 所示，其中高光谱图像和多光谱图像分别是通过高光谱传感器和多光谱传感器获得的同一场景的图像。高光谱-多光谱图像融合的目标是利用观测到的高光谱和多光谱图像，重构出高空间分辨率的高光谱图像。

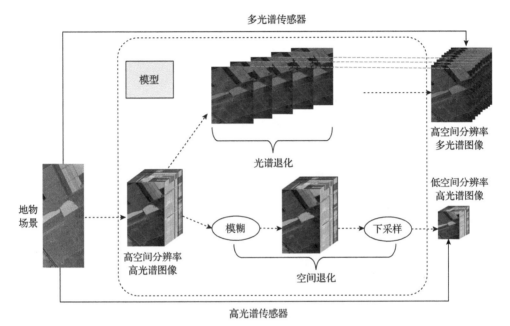

图 4-10　高光谱-多光谱图像融合方案

如果所获取的高光谱和多光谱图像都是无噪的，那么融合得到的图像质量是比较好的。然而，在实际应用中获取的多光谱和高光谱图像往往不可避免地存在一定的噪声，并且根据成像机理可知高光谱图像中所含的噪声通常比多光谱中所含噪声的强度高。因此，对于理想的融合图像(高空间分辨率的高光谱图像) $\mathcal{X} \in \mathbb{R}^{W \times H \times S}$，假设观测到的高光谱图像 $\mathcal{Y} \in \mathbb{R}^{w \times h \times S}$ ($w \ll W$，$h \ll H$)受到高斯噪声和整体条带的影响，多光谱图像 $\mathcal{Z} \in \mathbb{R}^{W \times H \times s}$ ($s \ll S$)受到高斯噪声污染，该退化模型可以表示为

$$\mathcal{Y} = \mathcal{K}_{sa}(\mathcal{X}) + \mathcal{N}_h + \mathcal{S}, \quad \mathcal{Z} = \mathcal{K}_{se}(\mathcal{X}) + \mathcal{N}_m \tag{4-41}$$

其中，$\mathcal{K}_{sa}(\cdot)$ 和 $\mathcal{K}_{se}(\cdot)$ 分别为空间和光谱下采样算子；$\mathcal{N}_h$ 和 $\mathcal{N}_m$ 分别为高光谱图像和多光谱图像中出现的高斯噪声；$\mathcal{S}$ 为高光谱图像中出现的条带。

高光谱-多光谱图像融合过程就是在上述观测数据下建立适当的模型得到

融合图像 $\mathcal{X}$。由于 $\mathcal{X}$ 的光谱向量存在于低维子空间中，所以存在一个含有 n_s 个原子的光谱因子矩阵 $A \in \mathbb{R}^{S \times n_s}$。同时，$\mathcal{X}$ 在空域上具有自相似性，因此存在两个分别包含 n_w 和 n_h 个原子的空间因子矩阵 $W \in \mathbb{R}^{W \times n_w}$ 和 $H \in \mathbb{R}^{H \times n_h}$ 对其空间模进行稀疏表示。空域的低维特征和光谱域的稀疏特征可以通过低维核张量进行联合追踪。因此，根据 Tucker 分解，可以将融合图像表示为一个核张量与宽度模、高度模（即空间维两模）和光谱模的因子矩阵之积的形式（图 4-11），即

$$\mathcal{X} = \mathcal{G} \times_1 W \times_2 H \times_3 A \tag{4-42}$$

其中，张量 $\mathcal{G} \in \mathbb{R}^{n_w \times n_h \times n_s}$ 中包含的是张量 $\mathcal{X}$ 的三个因子矩阵的系数。在式（4-42）中，三模信息被合并到一个统一的模型中。

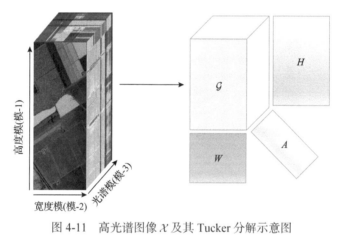

图 4-11　高光谱图像 $\mathcal{X}$ 及其 Tucker 分解示意图

在高光谱传感器的点扩散函数和宽度模及高度模的下采样矩阵是可分离的假设下，$\mathcal{K}_{sa}(\cdot)$ 可以表示为

$$\mathcal{K}_{sa}(\mathcal{X}) = \mathcal{X} \times_1 P_1 \times_2 P_2 \tag{4-43}$$

其中，$P_1 \in \mathbb{R}^{w \times W}$ 和 $P_2 \in \mathbb{R}^{h \times H}$ 分别为沿宽度模和高度模的下采样矩阵，描述成像传感器的空间响应。在此假设下，将式（4-42）代入式（4-43），则有

$$\mathcal{K}_{sa}(\mathcal{X}) = \mathcal{G} \times_1 (P_1 W) \times_2 (P_2 H) \times_3 A = \mathcal{G} \times_1 W^* \times_2 H^* \times_3 A \tag{4-44}$$

其中，$W^* = P_1 W \in \mathbb{R}^{w \times n_w}$ 和 $H^* = P_2 H \in \mathbb{R}^{h \times n_h}$ 分别为宽度模和高度模的下采样字典。对于点扩散函数，可分性假设是有效的，同时可分离传感算子的假设为张量演算带来了巨大的优势。关于下采样，可分离假设意味着空间下采样矩阵 M

的作用相对于 $\mathcal{X}$ 的两个空间模是解耦的，因此有

$$M = \left(P_1 \otimes P_2\right)^{\mathrm{T}} \tag{4-45}$$

$\mathcal{K}_{\mathrm{se}}(\mathcal{X})$ 可以看成通过对 $\mathcal{X}$ 进行光谱下采样得到，即

$$\mathcal{K}_{\mathrm{se}}(\mathcal{X}) = \mathcal{X} \times_3 P_3 \tag{4-46}$$

其中，$P_3 \in \mathbb{R}^{s \times S}$ 为光谱维的下采样矩阵。将式(4-42)代入式(4-46)，则有

$$\mathcal{K}_{\mathrm{se}}(\mathcal{X}) = \mathcal{G} \times_1 W \times_2 H \times_3 (P_3 A) = \mathcal{G} \times_1 W \times_2 H \times_3 A^* \tag{4-47}$$

其中，$A^* = P_3 A \in \mathbb{R}^{s \times n_s}$ 为光谱下采样字典，也称为光谱响应函数(spectral response function，SRF)。融合的目的就是建立适当的模型，从中估计矩阵 W、H、A 和相应的核张量 $\mathcal{G}$，进而得到 $\mathcal{X}$。

对于含有混合噪声的融合问题，综合式(4-41)、式(4-44)和式(4-47)可得其一般融合框架为

$$\underset{\mathcal{X}, \mathcal{N}_{\mathrm{m}}, \mathcal{N}_{\mathrm{h}}}{\arg\min} \frac{1}{2} \|\mathcal{N}_{\mathrm{m}}\|_F^2 + \frac{1}{2} \|\mathcal{N}_{\mathrm{h}}\|_F^2 + R(\mathcal{X}) + \lambda R(\mathcal{S}) \quad \mathrm{s.t.} \mathcal{Y} = \mathcal{S} + \mathcal{G} \times_1 W^* \times_2 H^* \times_3 A + \mathcal{N}_{\mathrm{h}}$$

$$\mathcal{Z} = \mathcal{G} \times_1 W \times_2 H \times_3 A^* + \mathcal{N}_{\mathrm{m}}, \quad \mathcal{X} = \mathcal{G} \times_1 W \times_2 H \times_3 A \tag{4-48}$$

其中，$\|\cdot\|_F^2$ 代表 Frobenius 范数，前两个数据保真度项分别代表空间和光谱退化过程；$R(\mathcal{X})$ 和 $R(\mathcal{S})$ 分别为关于 $\mathcal{X}$ 和 $\mathcal{S}$ 的正则项，用于增强具有期望性质的解；λ 为权重正则化参数。

由于理想的融合图像具有低秩性，整体条带可以通过 $l_{2,1}$ 范数进行约束，同时 $\mathcal{N}_{\mathrm{h}} = \mathcal{Y} - \mathcal{S} - \mathcal{G} \times_1 W^* \times_2 H^* \times_3 A$，$\mathcal{N}_{\mathrm{m}} = \mathcal{Z} - \mathcal{G} \times_1 W \times_2 H \times_3 A^*$，所以式(4-48)可以转化为

$$\underset{\mathcal{G}, \mathcal{S}, W, H, A}{\arg\min} \frac{1}{2} \left\| \mathcal{Y} - \mathcal{S} - \mathcal{G} \times_1 W^* \times_2 H^* \times_3 A \right\|_F^2 + \frac{1}{2} \left\| \mathcal{Z} - \mathcal{G} \times_1 W \times_2 H \times_3 A^* \right\|_F^2 + \mathrm{rank}(\mathcal{X}) + \lambda \|\mathcal{S}\|_{2,1} \tag{4-49}$$

其中，$\mathrm{rank}(\mathcal{X})$ 为 $\mathcal{X}$ 的秩逼近函数。而由于 $\mathcal{X} = \mathcal{G} \times_1 W \times_2 H \times_3 A$，且 W、H、A 是正交矩阵，可将式(4-49)转化为

$$\arg\min_{\mathcal{G},W,H,A} \frac{1}{2}\left\|\mathcal{Y}-\mathcal{S}-\mathcal{G}\times_1 W^*\times_2 H^*\times_3 A\right\|_F^2 + \frac{1}{2}\left\|\mathcal{Z}-\mathcal{G}\times_1 W\times_2 H\times_3 A^*\right\|_F^2 + \mathrm{rank}(\mathcal{G}) + \lambda\left\|\mathcal{S}\right\|_{2,1}$$

$$(4\text{-}50)$$

由于现实情况中寻找一个矩阵真实的秩是 NP 问题，所以通常对秩函数进行松弛以逼近真实的秩。为此，定义一个逼近函数

$$\left\|X\right\|_\gamma = \sum_{i=1}^{\min\{q^2,K\}}\left(1-\mathrm{e}^{-\sigma_i(X)/\gamma}\right) \tag{4-51}$$

其中，$\gamma > 0$。该范数称为 γ 范数。具体地说，γ 范数是一个伪范数，但具有以下命题所述的优良性质。

命题 4-1　给定矩阵 $X\in\mathbb{R}^{q^2\times Q}$，则其范数满足下列性质：

（1）$\lim_{\gamma\to 0}\left\|X\right\|_\gamma = \mathrm{rank}(X)$；

（2）$\left\|X\right\|_\gamma$ 是酉不变的，即对任意正交矩阵，$V\in\mathbb{R}^{Q\times Q}$，$U\in\mathbb{R}^{q^2\times q^2}$，有 $\left\|X\right\|_\gamma = \left\|UXV\right\|_\gamma$；

（3）正定性，即对于任意的 $X\in\mathbb{R}^{q^2\times Q}$，都有 $\left\|X\right\|_\gamma \geqslant 0$，且 $\left\|X\right\|_\gamma = 0$ 当且仅当 $X = 0$。

尽管其他文献中也提出了一些矩阵秩逼近函数，但由图 2-11 可以看出 γ 范数比它们更接近真实的秩。对于张量 $\mathcal{X}\in\mathbb{R}^{I_1\times I_2\times\cdots\times I_N}$，其核范数定义为其所有模展开矩阵的核范数的平均值，即

$$\left\|\mathcal{X}\right\|_* = \frac{1}{N}\sum_{i=1}^{N}\left\|\mathcal{X}_{(i)}\right\|_* \tag{4-52}$$

由上述分析可知，矩阵 γ 范数能够较核范数更好地逼近真实的秩，因此类似式(4-52)中张量核范数的定义，张量 γ 范数可以定义为

$$\left\|\mathcal{X}\right\|_\gamma = \frac{1}{N}\sum_{i=1}^{N}\left\|\mathcal{X}_{(i)}\right\|_\gamma \tag{4-53}$$

从而带有 γ 范数的融合问题可写为

$$\arg\min_{\mathcal{G},\mathcal{S},W,H,A} \frac{1}{2}\left\|\mathcal{Y}-\mathcal{S}-\mathcal{G}\times_1 W^*\times_2 H^*\times_3 A\right\|_F^2 + \frac{1}{2}\left\|\mathcal{Z}-\mathcal{G}\times_1 W\times_2 H\times_3 A^*\right\|_F^2 + \sum_{i=1}^{N}\alpha_i\left\|\mathcal{G}_{(i)}\right\|_\gamma + \lambda\left\|\mathcal{S}\right\|_{2,1}$$

$$(4\text{-}54)$$

用近端交替优化(proximal alternative optimization，PAO)算法求解式(4-54)，在一定条件下，它可以保证收敛到一个临界点。该方法简写为非凸低秩耦合张量分解(non-convex low-rank coupled tensor decomposition，nonLRCTD)的分辨率增强方法。表 4-1 为所有方法目标函数及处理方式对比。

表 4-1　所有方法目标函数及处理方式对比

方法名称	目标函数	处理方式
CNMF	$\min\limits_{W,H}\dfrac{1}{2}\left\|X-WH_h\right\|_F^2+\dfrac{\lambda}{2}\left\|Y-W_mH\right\|_F^2$	矩阵
HySure	$\min\limits_{X}\dfrac{1}{2}\left\|Y_h-EXBM\right\|_F^2+\dfrac{\lambda_m}{2}\left\|Y_m-REX\right\|_F^2+\lambda_\varphi\varphi\left(XD_h,XD_m\right)$	矩阵
CSU	$\min\limits_{E,A}\left\|H-EZA\right\|_F^2+\left\|M-REZ\right\|_F^2$ $\text{s.t.}\ 0\leqslant e_{ij}\leqslant1,\quad a_{ij}\geqslant0,\quad 1^TZ=1^T,\quad \left\|Z\right\|_0\leqslant s,\quad \forall i,j$	矩阵
LTMR	$\min\limits_{C_{(3)}}\left\|X_{(3)}-DC_{(3)}BS\right\|_F^2+\left\|Y_{(3)}-RDC_{(3)}\right\|_F^2+\lambda\sum\limits_{k=1}^{K}\left\|C^k\right\|_{\text{TMR}}$	张量
CSTF	$\min\limits_{W,H,S,C}\left\|\mathcal{Y}-\mathcal{C}\times_1W^*\times_2H^*\times_3A\right\|_F^2+\left\|\mathcal{Z}-\mathcal{C}\times_1W\times_2H\times_3A^*\right\|_F^2+\lambda\left\|\mathcal{C}\right\|_1$	张量
nonLRCTD	$\arg\min\limits_{\mathcal{G},W,H,A}\dfrac{1}{2}\left\|\mathcal{Y}-\mathcal{G}\times_1W^*\times_2H^*\times_3A\right\|_F^2+\dfrac{1}{2}\left\|\mathcal{Z}-\mathcal{G}\times_1W\times_2H\times_3A^*\right\|_F^2+\sum\limits_{i=1}^{N}\alpha_i\left\|\mathcal{G}_{(i)}\right\|_\gamma$	张量

图 4-12 中给出了当 $\text{SNR}_h=35\text{dB}$，$\text{SNR}_m=40\text{dB}$ 时 Pavia 数据集第 45 波段的融合结果(每个子图中第一行)以及相应的误差图(每个子图中第二行)，可以看出，当噪声强度较低时，所有方法均能较好地重构出视觉较好的结果。其中图 4-12(a)为高光谱数据直接进行双线性插值后的图像及其与原始图像之间的误差。从图 4-12 中的误差图可以看出，尽管视觉效果上不同方法所得到的结果差别不大，但本节

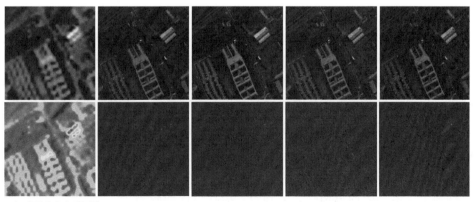

(a) 低分辨率高光谱图像　　　(b) HySure　　　(c) CSU　　　(d) GS　　　(e) CNMF

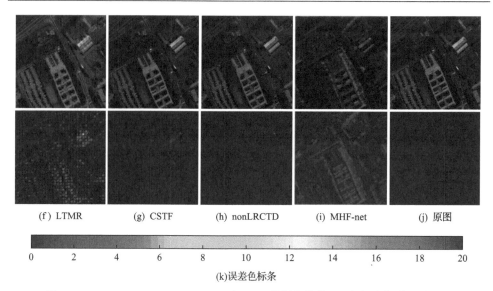

（f）LTMR　　　（g）CSTF　　　（h）nonLRCTD　　　（i）MHF-net　　　（j）原图

(k)误差色标条

图 4-12　SNR_h=35dB、SNR_m=40dB 时 Pavia 数据集的第 45 波段融合图及误差图

算法所得到的结果与原始图像的误差最小，也就是最接近原始图像。由图 4-12 可以看出，LTMR 方法得到的重构图像的质量严重下降，这或许是由于 LTMR 采用的是非局部方法，而非局部方法在无噪或者噪声强度较低的情况下可以得到较好的重构结果。此外，HySure、CSU 和 GS 也不能重构出很好的结果。CNMF 方法得到的结果与 nonLRCTD（本节方法）的结果在视觉效果上比较接近，但是从误差图像和客观评价指标上可以看出，nonLRCTD 仍优于 CNMF，从而说明了联合去噪和融合以及耦合张量分解方法模型的优势。

4.5　基于多层张量稀疏建模的高维图像补全

在子空间先验的张量低秩表达中，除了张量秩最小化和张量分解的方法，基于全变分最小化方法也被应用到张量子空间表达，其中全变分约束项通常被引入低秩框架中，用于联合表征局部分段连续和不同维度的全局低秩结构。然而，这些方法都假设数据的局部分段连续性存在于原始域，仅反映表层的局部结构。从稀疏刻画低秩的角度理解，当前方法主要采用数据的全局稀疏性进行张量低秩建模，而且基于全变分的局部稀疏先验难以有效刻画高维数据子空间的局部连续性。此外，就张量层次结构的稀疏表达而言，目前基于低秩正则的张量补全方法仅仅利用了张量数据中单层或者两层的稀疏先验，并且在两层稀疏框架中，第二层稀疏刻画易受到第一层稀疏性的影响[19]。

4.5.1　因子梯度稀疏 Tucker 分解

目前，张量稀疏性通常表征沿各个维度的全局信息，称为张量全局稀疏先验，但缺乏对张量局部信息的有力描述。为了表达张量局部稀疏性，假设 Tucker 分解中因子子空间存在潜在的分段光滑特征，可以通过因子梯度稀疏性来度量。在此基础上，取代传统基于全变分约束的正则项，利用 Tucker 分解的因子梯度稀疏先验表征张量潜在子空间局部结构，该局部稀疏本质上是构建中层和底层视觉任务之间的联系。

对于一个 N 阶张量，Tucker 分解的每个因子不仅代表维度对应的潜在信息，而且提供基于因子内部相关先验的辅助信息，即可以利用子空间因子来刻画张量的局部稀疏性。本节是基于张量数据内在的局部稀疏先验，即张量数据维度内的相关性来确保局部分段相似或局部平滑。

定义 4-1　对于 N 阶张量 $\mathcal{X}$，利用 Tucker 分解 $\mathcal{X} = \mathcal{S} \times_1 U_1 \times_2 U_2 \times \cdots \times_N U_N$ 来定义张量的局部稀疏性，表达式如下：

$$S(U_n) = \left\| \nabla_n U_n \right\|_p^p, \quad n = 1, 2, \cdots, N \tag{4-55}$$

其中，∇_n 为梯度算子；p 用于选择稀疏约束类型的参数。当 $p=1$ 时，可以得到基于拉普拉斯分布的因子稀疏；当 $p=2$ 时，$S(U_n)$ 表现出高斯分布的稀疏性。将上述统计观测称为因子梯度（局部）稀疏先验。相应地，将基于因子梯度稀疏的 Tucker 分解称为因子梯度稀疏 Tucker 分解。

定义 4-2　对于 N 阶张量 $\mathcal{X}$，定义因子梯度稀疏的 Tucker 分解，表达式如下：

$$\min_{\mathcal{S}, U_n} \left\| \nabla_n U_n \right\|_p^p \quad \text{s.t.} \quad \mathcal{X} = \mathcal{S} \times_1 U_1 \times_2 U_2 \times \cdots \times_N U_N \tag{4-56}$$

高维数据存在局部的稀疏性。例如，在图像中，成像场景的道路、建筑物等材料具有局部相似性，致使数据存在局部稀疏性。如果使用张量来描述高光谱图像，由于高光谱成像系统可以捕获场景的数百个光谱波段，相邻的光谱间具有高度的相关性，有助于挖掘局部稀疏性。

为了验证局部稀疏性，图 4-13 展示了在高光谱图像 Toy 上的实验。通过 Tucker 分解，三个维度因子矩阵的梯度直方图如图 4-13(c) 所示，经统计发现直方图中 90% 的值小于 0.1，对应的累积分布如图 4-13(d) 所示，其中约 20% 的值为零。该统计为因子梯度稀疏性提供了强有力的支撑。从上述观察得到因子梯

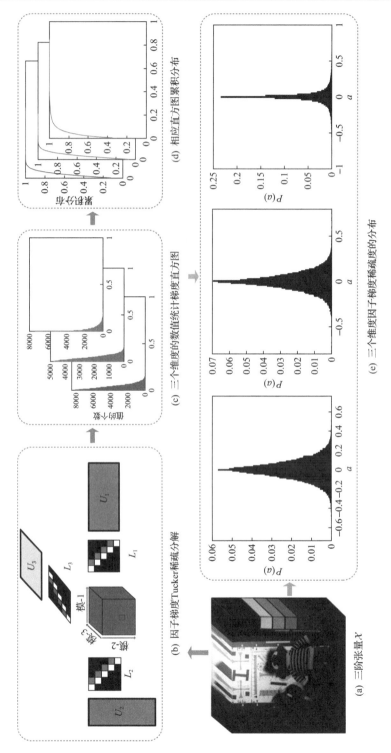

图 4-13　因子梯度稀疏分析

(a) 三阶张量 $\mathcal{X}$

(b) 因子梯度Tucker稀疏分解

(c) 三个维度的数值统计梯度直方图

(d) 相应直方图累积分布

(e) 三个维度因子梯度稀疏度的分布

度矩阵中的大多数元素趋向于零或具有非常小的值，称为因子梯度（局部）稀疏先验。图 4-13(e)表示高光谱图像沿两个空间维和一个光谱维的因子梯度稀疏分布，显然每个因子的分布与广义高斯分布（generalized Gaussian distribution，GGD）类似。因此，在式(4-55)中，假设 $p=2$，对应的因子梯度稀疏模型为 $S(U_n) = \|\nabla_n U_n\|_2^2 \, (n = 1, 2, \cdots, N)$。

本节提出的因子梯度稀疏约束有以下三点优势。

(1)所提出的度量方法建立在 Tucker 分解上，从子空间表示的角度来看，Tucker 分解具有张量分解的优点，每个维度的因子矩阵可以解释为对应维度的子空间特征。通过因子矩阵和核张量的多重线性相乘，可以很容易地利用子空间特征描述原始张量。

(2)现有的全变分正则化回避了基于底层视觉任务的局部稀疏与基于中层视觉的子空间表达之间的隐含关系。本节所提出的局部稀疏先验将局部稀疏和子空间稀疏联系起来，并将其统一到因子梯度稀疏 Tucker 分解框架下。

(3)Tucker 秩估计本质上可用来刻画张量沿各模所张成子空间的低秩性，通过考虑各个维度内在的因子先验，避免了预先设定 Tucker 秩对低维子空间表达的影响，这极大地提高了张量子空间表达能力的可靠性。此外，提出的局部稀疏先验有助于提升张量在各个维度上子空间低秩性，这有望缓解 Tucker 分解的秩估计偏差给模型造成的局限性。然而，因子梯度稀疏 Tucker 分解中的广义高斯分布不能刻画更为稀疏的张量因子先验，而且从多层稀疏的角度理解，因子梯度稀疏 Tucker 分解也只是两层稀疏的张量低秩表达。因此，在因子梯度稀疏 Tucker 分解的基础上，后续的研究将继续挖掘张量分解的层次结构稀疏。

高光谱图像包含了两个空间维和一个光谱维，可通过高阶张量来描述其信息和结构。张量建模可以有效地保持高光谱图像的固有结构，在张量框架下对高光谱图像的低秩稀疏等先验建模，有利于挖掘其蕴含的结构信息。目前的张量模型大多为单层分解建模，仅表征数据单层稀疏先验，很难提供多层稀疏模型刻画数据多层次的结构性。

针对这一问题，本节提出张量多层变换的因子子空间稀疏分解方法。张量分解的因子矩阵可以表征数据的局部性质，本节提出基于局部分段结构的因子梯度稀疏 Tucker 分解，利用 Tucker 分解因子子空间来描述张量的多层稀疏先验。第一步将张量稀疏性变换到因子子空间；第二步利用因子梯度域上的稀疏性来表示维度内的局部相似度；第三步引入变换学习来刻画更深层的结构稀疏性，并通过拉普拉斯尺度混合模型对该稀疏性进行建模，逐步的稀疏描述形成了三层变换稀疏的张量分解；最后将其应用到高光谱图像等张量补全。

4.5.2　多层变换的张量结构稀疏表示

针对现有单层张量分解的问题，本节引入基于因子层次结构的张量分解，如图 4-14 所示。不同于传统的低秩 Tucker 分解，本节通过高秩张量分解（high-rank tensor decomposition，HRTD）估计因子矩阵，如图 4-14(d) 和 (e) 所示。HRTD 不仅避免了张量秩估计的问题，并且放大了因子矩阵的解空间，并引入多层的因子辅助先验，可以得到较优的张量分解。

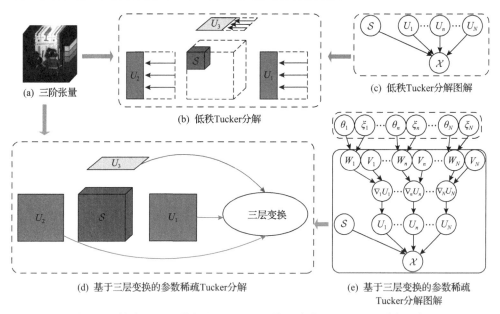

(a) 三阶张量

(b) 低秩Tucker分解

(c) 低秩Tucker分解图解

(d) 基于三层变换的参数稀疏Tucker分解

(e) 基于三层变换的参数稀疏
Tucker分解图解

图 4-14　低秩 Tucker 分解和基于三层变换的参数稀疏 Tucker 分解图解

为了表达因子子空间的层次结构，本节将基于三层变换（three-layer transform，TLT）（图 4-14(e) 实线框标注）的拉普拉斯尺度混合（Laplacian scale mixture，LSM）（图 4-14(e) 虚线框标注）模型引入 HRTD 框架（图 4-14(e)），充分考虑了张量中的显式因子先验。相比于图 4-14(c) 中无因子子空间约束的低秩表达，本节采用三层变换描述张量的层次结构，并使用 LSM 估计变换域的参数稀疏性。HRTD 首先将张量稀疏性变换到因子子空间，然后将其进一步变换到梯度域来刻画每个维度的局部分段结构。为了提升梯度域中的因子稀疏性，利用基于 LSM 的变换学习表达更深层的结构稀疏性。将 LSM-TLT 嵌入张量补全，并基于 ADMM 实现优化。

1. 第一层：核张量变换

对于 N 阶张量 $\mathcal{X} \in \mathbb{R}^{I_1 \times I_2 \times \cdots \times I_N}$，首先使用 Tucker 模型将 $\mathcal{X}$ 分解为 $\mathcal{X} = \mathcal{S} \times_1 U_1 \times_2 U_2 \times \cdots \times_N U_N$，其中，$\mathcal{S} \in \mathbb{R}^{I_1 \times I_2 \times \cdots \times I_N}$ 为变换张量，$U_1, U_2, \cdots, U_N$ 为特征矩阵。因子约束可以描述张量先验。为了防止 Tucker 分解中因子的先验导致过拟合，选择 Frobenius 范数约束核张量 $\mathcal{S}$，表达式为

$$\min_{\mathcal{X}, \mathcal{S}, \{U_n\}_{n=1}^{N}} \frac{\mu_{\mathcal{X}}}{2} \|\mathcal{X} - \mathcal{S} \times_1 U_1 \times_2 U_2 \times \cdots \times_N U_N\|_F^2 + \lambda_1 \|\mathcal{S}\|_F^2 \tag{4-57}$$

其中，$\mu_{\mathcal{X}}$ 控制重构误差；λ_1 用于权衡 $\mathcal{S}$ 的约束项。

2. 第二层：梯度算子变换

利用核张量变换，可以得到张量沿各个维度的子空间特征。本节主要利用因子梯度稀疏 Tucker 分解来表征张量的局部平滑性，通过因子矩阵与核张量的多重线性相乘，从本质上刻画了张量本身的局部稀疏性。为了从理论上更好地解释因子局部性质，引入定理 4-1，如下所示。

定理 4-1　令 $X_{(n)}$ 为张量 $\mathcal{X}$ 的模-n 展开，$U_n (n=1,2,\cdots,N)$ 为 Tucker 分解 $\mathcal{X} = \mathcal{S} \times_1 U_1 \times_2 U_2 \times \cdots \times_N U_N$ 的因子矩阵，有

$$\nabla_n X_{(n)} \in \text{span}\{\nabla_n U_n\} \tag{4-58}$$

其中，$\text{span}\{A\}$ 表示由矩阵 A 的列张成的线性空间；$B \in \text{span}\{A\}$ 表示 B 的所有列向量都属于 $\text{span}\{A\}$；∇_n 为梯度算子。

证明　将 Tucker 分解沿模-n 展开有 $X_{(n)} = U_n \mathcal{S}_{(n)} (U_N \otimes \cdots \otimes U_{n+1} \otimes U_{n-1} \otimes \cdots \otimes U_1)^{\mathrm{T}}$，令 $H_n = \mathcal{S}_{(n)} (U_N \otimes \cdots \otimes U_{n+1} \otimes U_{n-1} \otimes \cdots \otimes U_1)^{\mathrm{T}}$，对 $X_{(n)}$ 的左右两边都左乘 ∇_n，有

$$\nabla_n X_{(n)} = \nabla_n U_n H_n \tag{4-59}$$

显然，$\nabla_n X_{(n)}$ 可由 $\nabla_n U_n$ 的所有列张成，即 $\nabla_n X_{(n)} \in \text{span}\{\nabla_n U_n\}$。这表明张量中的分段光滑结构可以用各模子空间平滑因子来表示。一般来说，不同维度上的因子梯度矩阵具有稀疏性，且该稀疏性与广义高斯分布相似，但广义高斯分布的值大部分没有集中在零附近，因此不能表征因子稀疏性，需要设计全新的因子稀疏描述模型。

3. 第三层：参数稀疏变换

对于第二层变换存在的问题，本节设计一种稀疏描述模型，其更多的值集中在零附近，精细表征子空间的稀疏性。本节利用矩阵分解自适应学习第三层的变换矩阵，并引入变换域中信号的稀疏性表征策略。该策略假设信号 X 的稀疏性可以通过变换 V 近似稀疏，即对于给定的变换 V，信号 X 的稀疏性可以表示为

$$\min_{W}\|VX - W\|_F^2 + \lambda \Psi(W) \tag{4-60}$$

其中，λ 为正则化参数；$\Psi(W)$ 为稀疏变换项，早期研究一般使用变换惩罚项如 $\|V\|_F^2$。变换矩阵的酉不变性有助于获得具有较低稀疏性的数据特征，从而提高信号的重构性能。对 $\nabla_n U_n$ 进行矩阵分解如下：

$$\nabla_n U_n = W_n V_n^{\mathrm{T}} \tag{4-61}$$

其中，$W_n \in \mathbb{R}^{I_n \times r_n}$，$V_n \in \mathbb{R}^{I_n \times r_n}$，$r_n$ 为 $\nabla_n U_n$ 的秩。事实上，W_n 的列可以解释为 $\nabla_n U_n$ 的一组基。通过假设 $V_n^{\mathrm{T}} V_n = I$，也可以保证这组基包含冗余且不相关的信息。考虑到 V_n 的酉不变性，有 $\nabla_n U_n V_n = W_n$。

图 4-15 给出一个例子，展示了 Toy 数据集因子梯度矩阵 $\nabla_n U_n (n=1,2,3)$ 的稀疏分布，并给出了 $\nabla_n U_n V_n (n=1,2,3)$ 中各元素稀疏统计特性的概率分布。显然，这些矩阵的值更集中在零附近，这也验证了第三层变换对张量稀疏性的作用。综合考虑，可得到以下稀疏变换公式：

$$\min_{W_n, V_n} \Psi(W_n) \quad \text{s.t.} \ \nabla_n U_n = W_n V_n^{\mathrm{T}}, \quad V_n^{\mathrm{T}} V_n = I \tag{4-62}$$

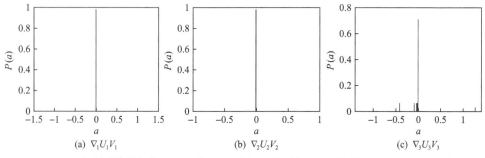

图 4-15　高光谱图像数据集 Toy 上第二层梯度矩阵和第三层变换梯度矩阵的稀疏性分布

通常情况下，稀疏变换 $\Psi(W_n)(n=1,2,\cdots,N)$ 可以通过 l_0 范数或加权 l_1 范数来度量。为了更好地拟合 $\nabla_n U_n V_n(n=1,2,\cdots,N)$ 的稀疏分布，本节引入基于拉普拉斯尺度混合模型的结构稀疏来建模 $\Psi(W_n)(n=1,2,\cdots,N)$，那么 W_n 可以分解为两个独立变量的点积：一个拉普拉斯量 $\xi_{n,i}$ 和一个正的隐标量乘子 $\theta_{n,i}$，即 $W_{n,i}=\xi_{n,i}\theta_{n,i}(i=1,2,\cdots,I_n r_n)$。假设每一个 $W_{n,i}$ 都独立同分布，且 $\xi_{n,i}$ 和 $\theta_{n,i}$ 也是独立的，则 $W_{n,i}$ 的拉普拉斯尺度混合模型可表示为

$$P(W_n)=\prod_i P(W_{n,i}),\quad P(W_{n,i})=\int_1^{I_n r_n} P(W_{n,i}\mid \theta_{n,i})P(\theta_{n,i})\mathrm{d}\theta_{n,i}\qquad(4\text{-}63)$$

然而，对于 $P(\theta_{n,i})$，所选择的 $P(W_n)$ 大多数都不存在闭式的表达式，因此很难得到 W_n 的最大后验概率估计。为了解决该问题，先推导出式 (4-62) 的增广拉格朗日函数：

$$\min_{\{V_n,W_n,M_n\}_{n=1}^N} \lambda_2 \sum_{n=1}^N \alpha_n \Psi(W_n)+\sum_{n=1}^N \frac{\mu_M}{2}\left\|\nabla_n U_n - W_n V_n^{\mathrm{T}}+\frac{M_n}{\mu_M}\right\|_F^2 \qquad(4\text{-}64)$$

其中，$\alpha_n(n=1,2,\cdots,N)$ 为沿不同维度的加权参数；$M_n(n=1,2,\cdots,N)$ 为拉格朗日乘子；μ_M 为惩罚项参数。令 $B_n=\nabla_n U_n+M_n/\mu_M$，则对于式 (4-64) 的第二项，有

$$\begin{aligned}
\left\|B_n - W_n V_n^{\mathrm{T}}\right\|_F^2 &= \mathrm{tr}\left(\left(B_n-W_n V_n^{\mathrm{T}}\right)^{\mathrm{T}}\left(B_n-W_n V_n^{\mathrm{T}}\right)\right)\\
&= \mathrm{tr}\left(B_n^{\mathrm{T}} B_n\right)-2\mathrm{tr}\left(B_n^{\mathrm{T}} W_n V_n^{\mathrm{T}}\right)+\mathrm{tr}\left(V W_n^{\mathrm{T}} W_n V_n^{\mathrm{T}}\right)\\
&= \mathrm{tr}\left(B_n^{\mathrm{T}} B_n\right)-2\mathrm{tr}\left(B_n^{\mathrm{T}} W_n V_n^{\mathrm{T}}\right)+\mathrm{tr}\left(W_n V_n^{\mathrm{T}} V W_n^{\mathrm{T}}\right)\\
&= \mathrm{tr}\left(B_n^{\mathrm{T}} B_n\right)-2\mathrm{tr}\left(B_n^{\mathrm{T}} W_n V_n^{\mathrm{T}}\right)+\mathrm{tr}\left(W_n W_n^{\mathrm{T}}\right)
\end{aligned}\qquad(4\text{-}65)$$

由于求解变量 V_n 的过程中保证了 V_n 满足条件 $V_n V_n^{\mathrm{T}}=I$，所以式 (4-65) 等价于：

$$\begin{aligned}
\left\|B_n - W_n V_n^{\mathrm{T}}\right\|_F^2 &= \mathrm{tr}\left(B_n^{\mathrm{T}} B_n\right)-2\mathrm{tr}\left(B_n^{\mathrm{T}} W_n V_n^{\mathrm{T}}\right)+\mathrm{tr}\left(W_n W_n^{\mathrm{T}}\right)\\
&= \mathrm{tr}\left(B_n^{\mathrm{T}} B_n V_n V_n^{\mathrm{T}}\right)-\mathrm{tr}\left(V_n^{\mathrm{T}} B_n^{\mathrm{T}} W_n\right)-\mathrm{tr}\left(W_n^{\mathrm{T}} B_n V_n\right)+\mathrm{tr}\left(W_n^{\mathrm{T}} W_n\right)\\
&= \mathrm{tr}\left(V_n^{\mathrm{T}} B_n^{\mathrm{T}} B_n V_n\right)-\mathrm{tr}\left(V_n^{\mathrm{T}} B_n^{\mathrm{T}} W_n\right)-\mathrm{tr}\left(W_n^{\mathrm{T}} B_n V_n\right)+\mathrm{tr}\left(W_n^{\mathrm{T}} W_n\right)\\
&= \mathrm{tr}\left(\left(V_n^{\mathrm{T}} B_n^{\mathrm{T}}-W_n^{\mathrm{T}}\right)\left(B_n V_n-W_n\right)\right)\\
&= \mathrm{tr}\left(\left(B_n V_n - W_n\right)^{\mathrm{T}}\left(B_n V_n-W_n\right)\right)\\
&= \left\|B_n V_n - W_n\right\|_F^2
\end{aligned}\qquad(4\text{-}66)$$

进一步，式(4-64)等价表述为

$$W_n = \arg\min_{W_n} \lambda_2 \alpha_n \Psi(W_n) + \frac{\mu_M}{2} \|W_n - B_n V_n\|_F^2 \quad \text{s.t.} V_n^{\mathrm{T}} V_n = I \quad (4\text{-}67)$$

令 $\tilde{W}_n = B_n V_n$，从 $\tilde{W}_n$ 推导出 W_n 的最大后验概率估计，表达式如下：

$$W_n = \arg\min_{W_n} \left\{ -\log P(\tilde{W}_n \mid W_n) - \log P(W_n) \right\} \quad (4\text{-}68)$$

其中，$\log P(\tilde{W}_n \mid W_n)$ 的表达式为

$$P(\tilde{W}_n \mid W_n) \propto \exp\left(-\|W_n - \tilde{W}_n\|_F^2 \right) \quad (4\text{-}69)$$

且 W_n 的先验分布为

$$P(W_n) \propto \prod_{i=1}^{I_n r_n} \exp\left(-\frac{\Psi(W_{n,i})}{\theta_{n,i}} \right) \quad (4\text{-}70)$$

将 $P(W_{n,i} \mid \theta_{n,i})$ 代入式(4-68)的最大后验概率估计，可得

$$(W_n, \theta_n) = \arg\min_{W_n, \theta_n} \left\{ -\log P(\tilde{W}_n \mid W_n) - \log P(W_n \mid \theta_n) - \log P(\theta_n) \right\} \quad (4\text{-}71)$$

对于隐变量 θ_n，使用独立同分布的非信息 Jeffrey 先验进行尺度先验建模，即 $P(\theta_{n,i}) = 1/(\theta_{n,i} + \omega)$。在此先验条件下，式(4-71)可以改写为

$$(W_n, \theta_n) = \arg\min_{W_n, \theta_n} \lambda_2 \alpha_n \sum_{i=1}^{I_n r_n} \left(\sqrt{2} \frac{|W_{n,i}|}{\theta_{n,i}} + 2\log(\theta_{n,i} + \omega) \right) + \frac{\mu_M}{2} \|W_n - \tilde{W}_n\|_F^2 \quad (4\text{-}72)$$

其中，ω 为非常小的正数。在 LSM 中，有 $W_n = \Lambda_n \theta_n$，其中 $\Lambda_n = \text{diag}(\xi_{n,i}) \in \mathbb{R}^{I_n r_n \times I_n r_n}$，那么式(4-72)的等价形式为

$$(\xi_n, \theta_n) = \arg\min_{\xi_n, \theta_n} \lambda_2 \alpha_n \sum_{i=1}^{I_n r_n} \left(\sqrt{2} |\xi_{n,i}| + 2\log(\theta_{n,i} + \omega) \right) + \frac{\mu_M}{2} \|\Lambda_n \theta_n - \tilde{W}_n\|_F^2 \quad (4\text{-}73)$$

基于上述分析，提出基于 LSM-TLT 的参数稀疏张量分解，表达式如下：

$$\min_{\mathcal{X},\mathcal{S},\{U_n,V_n,\xi_n,\theta_n,M_n\}_{n=1}^N} \frac{\mu_{\mathcal{X}}}{2}\left\|\mathcal{X}-\mathcal{S}\times_1 U_1\times_2 U_2\times\cdots\times_N U_N\right\|_F^2 + \lambda_1\left\|\mathcal{S}\right\|_F^2$$

$$+\lambda_2\sum_{n=1}^N\alpha_n\sum_{i=1}^{I_n r_n}\left(\sqrt{2}\left|\xi_{n,i}\right|+2\log\left(\theta_{n,i}+\omega\right)\right)+\frac{\mu_M}{2}\sum_{n=1}^N\left\|\Lambda_n\theta_n-B_nV_n\right\|_F^2 \quad \text{s.t. } V_n^{\mathrm{T}}V_n=I$$

$$(4\text{-}74)$$

4.5.3　基于因子子空间稀疏张量分解的张量补全模型

　　4.5.2 节介绍了一种张量多层分解的拉普拉斯尺度混合模型，描述张量的多层子空间稀疏特性。该多层子空间稀疏特性可用于高光谱图像等张量数据复原、补全等视觉任务。本节以张量补全为例，介绍一种基于多层张量分解的张量补全算法。

　　张量补全的目的是从少量观测值的不完全高维数据中复原缺失信息，近年来张量补全已经吸引了越来越多学者的研究，并且应用到多个研究领域，如高光谱数据复原和视频修复等。张量补全是一个病态问题，本节使用张量多层分解的拉普拉斯尺度混合模型来描述潜在张量中的先验信息，并作为复原缺失元素的有效约束。张量补全的目标函数为

$$\min_{\mathcal{X},\mathcal{S},\{U_n,V_n,\xi_n,\theta_n,M_n\}_{n=1}^N} \frac{\mu_{\mathcal{X}}}{2}\left\|\mathcal{X}-\mathcal{S}\times_1 U_1\times_2 U_2\times\cdots\times_N U_N\right\|_F^2$$

$$+\frac{\mu_M}{2}\sum_{n=1}^N\left\|\Lambda_n\theta_n-\left(\nabla_n U_n+\frac{M_n}{\mu}\right)V_n\right\|_F^2$$

$$+\lambda_1\left\|\mathcal{S}\right\|_F^2+\lambda_2\sum_{n=1}^N\alpha_n\left(\sqrt{2}\sum_{i=1}^{I_n r_n}\left|\xi_{n,i}\right|+2\sum_{i=1}^{I_n r_n}\log\left(\theta_{n,i}+\omega\right)\right) \quad \text{s.t. } V_n^{\mathrm{T}}V_n=I,\quad \mathcal{Y}_\Omega=\mathcal{X}_\Omega$$

$$(4\text{-}75)$$

　　其中，$\mathcal{Y}_\Omega=\Omega\odot\mathcal{Y}$ 为支撑张量 Ω 和观测张量 $\mathcal{Y}$ 之间逐元素的乘积；$\mathcal{Y}$ 为退化的张量；Ω 为一个与 $\mathcal{Y}$ 相同大小的二值支撑指标张量，Ω 中的零元素表示观测张量中的缺失元素。引入辅助变量 $\{Z_n\}_{n=1}^N$，可以将式（4-75）等价表示为

$$\min_{\mathcal{X},\mathcal{S},\{U_n,V_n,\xi_n,\theta_n,M_n,Z_n\}_{n=1}^N} \frac{\mu_{\mathcal{X}}}{2}\left\|\mathcal{X}-\mathcal{S}\times_1 Z_1\times_2 Z_2\times\cdots\times_N Z_N\right\|_F^2$$

$$+\frac{\mu_M}{2}\sum_{n=1}^N\left\|\Lambda_n\theta_n-\left(\nabla_n U_n+\frac{M_n}{\mu}\right)V_n\right\|_F^2$$

$$+\lambda_1\left\|\mathcal{S}\right\|_F^2+\lambda_2\sum_{n=1}^N\alpha_n\left(\sqrt{2}\sum_{i=1}^{I_n r_n}\left|\xi_{n,i}\right|+2\sum_{i=1}^{I_n r_n}\log\left(\theta_{n,i}+\omega\right)\right) \quad \text{s.t. } U_n=Z_n,\quad V_n^{\mathrm{T}}V_n=I,\quad \mathcal{Y}_\Omega=\mathcal{X}_\Omega$$

$$(4\text{-}76)$$

基于 ADMM，将式(4-76)中的约束问题表达为增广拉格朗日函数得

$$
\mathcal{L}\left(\mathcal{X}, \mathcal{S}, \{U_n, V_n, \xi_n, \theta_n, M_n, Z_n, P_n\}_{n=1}^{N}\right)
$$
$$
= \frac{\mu_{\mathcal{X}}}{2}\left\|\mathcal{X} - \mathcal{S} \times_1 Z_1 \times_2 Z_2 \times \cdots \times_N Z_N\right\|_F^2
$$
$$
+ \lambda_1\|\mathcal{S}\|_F^2 + \frac{\mu_M}{2}\sum_{n=1}^{N}\left\|\Lambda_n\theta_n - \left(\nabla_n U_n + \frac{M_n}{\mu}\right)V_n\right\|_F^2 + \frac{\mu_U}{2}\sum_{n=1}^{N}\left\|U_n - Z_n + \frac{P_n}{\mu_U}\right\|_F^2 \qquad (4\text{-}77)
$$
$$
+ \lambda_2\sum_{n=1}^{N}\alpha_n\left(\sqrt{2}\sum_{i=1}^{I_n r_n}|\xi_{n,i}| + 2\sum_{i=1}^{I_n r_n}\log(\theta_{n,i} + \omega)\right) \quad \text{s.t. } V_n^{\mathrm{T}}V_n = I, \quad \mathcal{Y}_\Omega = \mathcal{X}_\Omega
$$

其中，$P_n(n=1,2,\cdots,N)$ 为拉格朗日乘子；μ_U 为惩罚项参数。在 ADMM 框架下，通过固定其他变量来交替求解式(4-77)中的每个变量。

图 4-16～图 4-18 分别给出了缺失率=95%时，Cloth、Toy 和 Feathers 在波段 (30, 17, 5)、(23, 15, 2) 和 (27, 15, 5) 上的伪彩色图像。从图 4-16～图 4-18 中可以看出，LSM-TLT 可以很好地重建小尺度的精细纹理和大尺度的边缘。

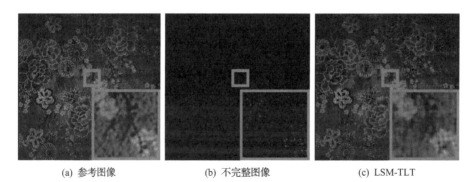

(a) 参考图像　　　　　　　　(b) 不完整图像　　　　　　　　(c) LSM-TLT

图 4-16　缺失率= 95%时，不同方法在 Cloth 上的伪彩色图像(30, 17, 5)补全结果对比

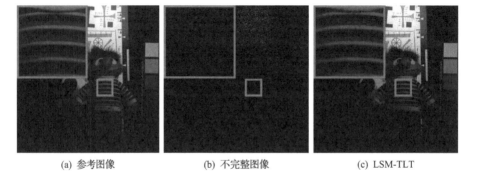

(a) 参考图像　　　　　　　　(b) 不完整图像　　　　　　　　(c) LSM-TLT

图 4-17　缺失率= 95%时，不同方法在 Toy 上的伪彩色图像(23, 15, 2)补全结果对比

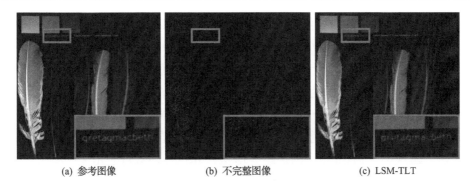

(a) 参考图像　　　　　　　　　(b) 不完整图像　　　　　　　　　(c) LSM-TLT

图 4-18　缺失率= 95%时，不同方法在 Feathers 上的伪彩色图像(27, 15, 5)补全结果对比

4.6　张量深度先验与高维图像处理

对于高维图像的去噪、超分辨重建、复原等低层视觉任务，如何表示其数据先验是核心。传统的手工先验基于对数据结构的专家知识，设计了诸如全变分、稀疏、低秩等先验，这些手工先验具有明确的解析表达式，能够显式地表示数据在某个方面的结构或统计信息。然而，对于图像特别是高维图像(如高光谱图像)，在空间和光谱等不同维度上存在复杂的交叉模态特性，这些特性难以通过解析先验显式地表示。另外，单一手工先验无法完全表示高维图像的所有先验知识。随着深度学习的发展，通过深度网络来学习数据的深度先验获得越来越多的关注。区别于手工先验，深度先验没有显式表达，而是通过深度网络隐式表示，并从数据中自动学习，往往具有更高的灵活性和表达能力。

本节以高维图像处理中的高光谱-多光谱图像的融合增强为例，介绍一种在张量框架下学习张量深度先验的方法及其网络架构[12-14,20]。

4.6.1　张量深度先验的图像融合模型

高光谱-多光谱图像融合旨在从一对同一场景的低分辨率高光谱图像和高分辨率多光谱图像中重建出高分辨率高光谱图像。为了表示方便，本节先以矩阵形式表示图像融合模型。潜在高分辨率高光谱图像表示为 $X \in \mathbb{R}^{M \times N \times L}$，其中 M、N 和 L 分别为其高、宽和波段数。低分辨率高光谱图像和高分辨率多光谱图像与它的退化关系可表示为

$$Y = CX \tag{4-78}$$

$$Z = XR \tag{4-79}$$

其中，$Y \in \mathbb{R}^{m \times n \times L}$ 为观测的低分辨率高光谱图像，其长、宽和波段数分别为 m、n 和 L。$r = M / m = N / n$ 为融合增强的倍数。观测的高分辨率多光谱图像表示为 $Z \in \mathbb{R}^{M \times N \times l}$。$C \in \mathbb{R}^{m \times n \times M \times N}$ 和 $R \in \mathbb{R}^{L \times l}$ 分别为空间维和光谱维的退化矩阵，该退化矩阵取决于传感器的特性。一般而言，C 和 R 在实际中都是未知的，需要估计。由于从观测的低分辨率高光谱图像和高分辨率多光谱图像重建高分辨率高光谱图像是病态逆问题，需要引入先验信息。在变分框架下，可以通过先验学习，实现高光谱-多光谱图像融合增强，其目标函数可表示为

$$\hat{X} = \arg\min_X \left\| Y - CX \right\|_F^2 + \mu \left\| Z - XR \right\|_F^2 + \lambda J(X) \qquad (4\text{-}80)$$

其中，$\|.\|_F$ 表示矩阵 Frobenius 范数，度量数据忠诚项；$J(\cdot)$ 表示正则项。在本节中，使用深度神经网络表示的深度先验 J_{deep} 来作为正则项；μ 和 λ 为忠诚项和正则项权重。上述目标函数可以通过半二次分裂算法优化，引入辅助变量 V，深度先验正则的目标函数为

$$\hat{X} = \arg\min_X \left\| Y - CX \right\|_F^2 + \mu \left\| Z - XR \right\|_F^2 + \lambda J_{\text{deep}}(V) + \rho \left\| X - V \right\|_F^2 \qquad (4\text{-}81)$$

其中，ρ 为半二次惩罚项的权重。通过交替优化，上述目标函数变为不同变量的子问题。在第 k 步迭代中，两个子问题分别如下。

（1）X-子问题：

$$X^{k+1} = \arg\min_X \left\| Y - CX \right\|_F^2 + \mu \left\| Z - XR \right\|_F^2 + \rho \left\| X - V^k \right\|_F^2 \qquad (4\text{-}82)$$

该子问题可通过梯度下降法优化，第 k 步迭代的解为

$$X^{k+1} = X^k + \delta \left(-C^{\mathrm{T}} Y + C^{\mathrm{T}} C X^k - \mu Z R^{\mathrm{T}} + \mu X^k R R^{\mathrm{T}} - \rho V^k + \rho X^k \right) \qquad (4\text{-}83)$$

其中，δ 为梯度下降步长。值得注意的是，简便起见，上述迭代解仅仅包含了一步梯度下降。

（2）V-子问题：

$$V^{k+1} = \arg\min_V \frac{1}{2} \left\| X^{k+1} - V \right\|_F^2 + \frac{\lambda}{2\rho} J_{\text{deep}}(V) \qquad (4\text{-}84)$$

V-子问题又可以写成邻近算子形式 $V^{k+1} = \text{prox}_{\lambda J/(2\rho)}\left(X^{k+1} \right)$，表示深度先验正则 $\lambda J_{\text{deep}} / (2\rho)$ 在 X^{k+1} 处的邻近算子。深度先验 J_{deep} 由神经网络表示，一般

没有显式表达，难以获得其闭式解。另外，V^{k+1}可以看成X^{k+1}的去噪版本，可将X^{k+1}作为去噪器输入，以即插即用的方式求得去噪结果V^{k+1}。在网络实现中，以多尺度注意力去噪网络实现该邻近算子。

4.6.2 张量深度先验网络架构

上述X-子问题和V-子问题交替优化，直到收敛至局部最优点，但该迭代过程耗时。本节将上述迭代过程利用深度神经网络来展开，学习深度先验，实现高光谱-多光谱图像融合。在网络实现中，X-子问题和V-子问题两个子问题的迭代通过网络实现，深度先验、退化矩阵(C、R)、超参数(μ、ρ)均表示为可学习网络参数，以端到端的方式学习。

为了网络实现方便，本节将上述X-子问题和V-子问题以张量形式表示。低分辨率高光谱图像和高分辨率多光谱图像分别为$\mathcal{Y}\in\mathbb{R}^{m\times n\times L}$和$\mathcal{Z}\in\mathbb{R}^{M\times N\times l}$，$X$-子问题可写为

$$\mathcal{X}^{k+1} = \mathcal{X}^k + \delta\left(-\mathcal{C}^{\mathrm{T}}\mathcal{Y} + \mathcal{C}^{\mathrm{T}}\mathcal{C}\mathcal{X}^k - \mu\mathcal{Z}\times_3 R + \mu\mathcal{X}^k\times_3 R^{\mathrm{T}}\times_3 R - \rho\mathcal{V}^k + \rho\mathcal{X}^k\right) \quad (4\text{-}85)$$

其中，$\mathcal{X}^{k+1}\in\mathbb{R}^{M\times N\times L}$为第$k$+1步迭代解；$\times_3$为张量的模-3张量积。$\mathcal{C}$和$\mathcal{C}^{\mathrm{T}}$分别为张量的空间下采样及其逆运算，在网络中将卷积层的滤波器尺寸和步长设置为r，可实现$\mathcal{C}$和$\mathcal{C}^{\mathrm{T}}$运算。张量和矩阵R^{T}在模-3的乘积表示光谱退化，可通过滤波器为1×1、通道数为l的卷积层实现。类似地，张量和矩阵R在模-3的乘积可通过滤波器为1×1、通道数为L的卷积层实现。在第k+1步迭代的V-子问题写成张量形式：

$$\mathcal{V}^{k+1} = \mathrm{prox}_{\lambda J/(2\rho)}\left(\mathcal{X}^{k+1}\right) \quad (4\text{-}86)$$

其中，$\mathcal{V}^{k+1}\in\mathbb{R}^{M\times N\times L}$为辅助张量。该张量邻近算子可通过深度去噪网络实现。

通过将式(4-85)和式(4-86)展开为深度网络，可以构建张量深度先验学习的变分融合网络(variational fusion network，VaFuNet)，实现高光谱-多光谱图像融合，如图 4-19 所示。该网络包含多个模块，对应目标函数的迭代解。目标函数中的张量深度先验通过邻近算子隐式的学习，空间和光谱退化矩阵通过卷积层的卷积核参数表示。张量邻近算子等网络参数的学习可通过最小化重建误差训练：

$$\mathrm{loss} = \frac{1}{T}\sum_t \left\|\mathcal{X}^{(t)} - \mathrm{VaFuNet}\left(\mathcal{Y}^{(t)}, \mathcal{Z}^{(t)}\right)\right\|_1 \quad (4\text{-}87)$$

其中，$\mathcal{X}^{(t)}$ 为第 t 个基准高分辨率高光谱图像块样本；$\mathcal{Y}^{(t)}$ 和 $\mathcal{Z}^{(t)}$ 分别为低分辨率高光谱图像和高分辨率多光谱图像块样本；$t=1,2,\cdots,T$，T 为训练样本数。最小化该损失函数，可学习到表示张量深度先验的深度网络，实现高光谱-多光谱图像融合。在实验中，迭代次数（对应网络模块数）设置为 5，张量深度先验邻近算子采用多尺度注意力卷积网络，卷积层通道数设置为 64，尺度设为 4。在 Harvard 数据集上的融合结果如图 4-20 所示。

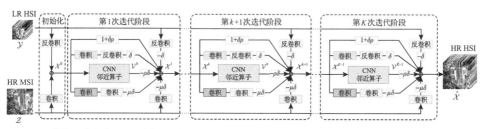

卷积层(核大小：1×1，步长：1，特征个数：1)　　卷积层(核大小：r×r，步长：r，特征个数：l)

反卷积层(核大小：1×1，步长：1，特征个数：L)　　反卷积层(核大小：r×r，步长：r，特征个数：L)

图 4-19　变分框架的张量深度先验学习高光谱-多光谱图像融合网络

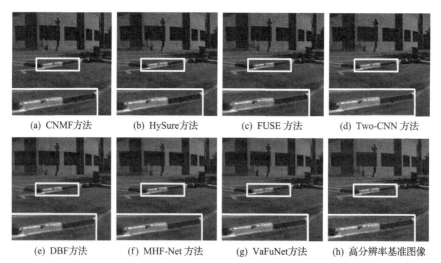

(a) CNMF方法　　(b) HySure方法　　(c) FUSE 方法　　(d) Two-CNN 方法

(e) DBF方法　　(f) MHF-Net 方法　　(g) VaFuNet方法　　(h) 高分辨率基准图像

图 4-20　Harvard 数据集上不同融合结果的伪彩色图像（R 为 660nm，G 为 540nm，B 为 440nm，图像尺寸为 1024×1024，融合增强倍数为 8）

4.7　无监督张量网络的图像融合

对于高光谱图像等高维数据，在不同维度均存在具有不同模态特性的特征，如何在深度学习模型中高效地表示其不同维度的特征，对提升深度学习模型的多维度表达能力至关重要。以高维图像融合(高光谱-多光谱图像融合)为例，高效表示和学习其不同维度的深度特征是融合算法的关键。张量可以天然地表示高维数据的不同维度，在深度学习网络中结合张量计算，建立张量深度网络，有望实现对不同维度特征的表示。另外，深度学习网络的训练需要大量样本，对于图像融合，其训练样本由同一场景的高低分辨率图像对构成。然而实际应用中，高分辨率图像往往难以获取，使得深度学习网络的训练缺乏高分辨率基准图像。如何在小样本甚至零样本下，训练张量深度网络，具有重要实际意义。

本节介绍一种无监督深度张量网络(unsupervised deep tensor network，UDTN)，着重介绍无监督下的多维度深度特征学习，及其在高光谱-多光谱图像融合中的应用。

4.7.1　无监督张量深度特征表示

观测的低分辨率高光谱图像和高分辨率多光谱图像分别记为张量 $\mathcal{Y} \in \mathbb{R}^{w \times h \times L}$ 和 $\mathcal{Y} \in \mathbb{R}^{W \times H \times l}$，$w$、$h$ 和 W、H 分别为低分辨率高光谱图像和高分辨率多光谱图像的宽和高，L、l 分别是其光谱波段数，$r = W/w = H/h$ 是融合增强的倍数。通过融合 $\mathcal{Y}$ 和 $\mathcal{Z}$，生成高分辨率高光谱图像 $\mathcal{X} \in \mathbb{R}^{W \times H \times L}$。

在张量表示下，低分辨率高光谱图像可以看成高分辨率高光谱图像在空间维上的退化，假设空间退化是可分离的，则该退化模型可表示为

$$\mathcal{Y} = \Psi(\mathcal{X}) = \mathcal{X} \times_1 S^{(1)} \times_2 S^{(2)} \tag{4-88}$$

其中，$S^{(1)} \in \mathbb{R}^{w \times W}$ 和 $S^{(2)} \in \mathbb{R}^{h \times H}$ 分别为空间上宽和高方向的退化，它们由传感器的点扩散函数决定。高分辨率多光谱图像可以表示为高分辨率高光谱图像在光谱维的退化：

$$\mathcal{Z} = \Phi(\mathcal{X}) = \mathcal{X} \times_3 S^{(3)} \tag{4-89}$$

其中，Φ 为光谱退化算子；$S^{(3)} \in \mathbb{R}^{l \times L}$ 为光谱退化矩阵，由传感器的光谱响应函数决定。在实际中，Ψ 和 Φ 往往都是未知的，需要在融合中估计。

高光谱和多光谱图像在空间、光谱多个维度存在特征，因此实现图像融合的关键在于多维度深度特征的有效表示和高效学习。本节先以低分辨率高光谱图像 $\mathcal{Y}$ 为例，建立无监督多维度深度特征表示模型。受到张量 Tucker 分解模型的启发，可以建立可微的张量滤波层，以此层为基础，构建无监督张量深度学习模型。

根据张量 Tucker 分解模型，低分辨率高光谱图像 $\mathcal{Y}$ 可以表示为

$$\mathcal{Y} = \mathcal{A} \times_1 W^{(1)} \times_2 W^{(2)} \times_3 W^{(3)} \tag{4-90}$$

其中，不同维度上的模态因子矩阵 $W^{(1)} \in \mathbb{R}^{w \times P}$ 、$W^{(2)} \in \mathbb{R}^{h \times Q}$ 和 $W^{(3)} \in \mathbb{R}^{L \times R}$ 反映了不同维度的主要成分。核张量 $\mathcal{A} \in \mathbb{R}^{P \times Q \times R}$ 反映了不同维度间的相关性。该模型提供了一个可以理解和表示张量多维度特征的数学基础。然而，该模型中仅包含张量的多线性运算，而不是非线性运算，使得其在描述不同维度间复杂关系上依然存在不足。此外，式(4-90)的核张量核模态因子矩阵通过交替迭代最小二乘方法求得，依然是个表示能力有限的浅层模型。

为了克服上述传统 Tucker 模型的不足，并提升深度学习的多维度表示能力，提出了张量滤波层模型，如图 4-21 所示。现有深度学习网络嵌入该层后，可以用类似 Tucker 模型的形式表示多维度的深度特征。该张量滤波层的输入为一编码张量 $\mathcal{C}_y \in \mathbb{R}^{P \times Q \times R}$ (可由深度学习网络从 $\mathcal{Y}$ 学习得到)。张量滤波层对 $\mathcal{C}_y$ 的不同维度进行模-n 张量积，然后进行非线性激活，以提升其非线性度和表示能力：

$$\hat{y} = g(\tilde{y}) = g\left(\mathcal{C}_y \times_1 U^{(1)} \times_2 U^{(2)} \times_3 U^{(3)}\right) \tag{4-91}$$

其中，$U^{(1)} \in \mathbb{R}^{w \times P}$ 、$U^{(2)} \in \mathbb{R}^{h \times Q}$ 和 $U^{(3)} \in \mathbb{R}^{L \times R}$ 为张量滤波层的可学习滤波器；$g(\cdot)$ 为激活函数，本节采用箝位函数(clamp function)将输出映射到范围[0,1]中：

$$g(x) = \begin{cases} 1, & x > 1 \\ x, & 0 \leqslant x \leqslant 1 \\ 0, & x < 0 \end{cases} \tag{4-92}$$

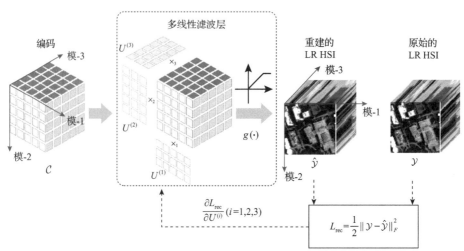

图 4-21　低分辨率高光谱图像 $\mathcal{Y}$ 的无监督张量滤波层模型

　　张量滤波层能够嵌入在深度学习网络中，可学习滤波器 $U^{(i)}(i=1,2,3)$ 和其他网络参数一起端到端学习得到，这种学习方式利用了深度学习的灵活性和学习能力。为了无监督地表示高光谱图像 $\mathcal{Y}$ 的多维度深度特征，以重建误差为损失函数，通过反向传播和梯度下降训练学习 $U^{(i)}(i=1,2,3)$。损失函数对滤波器 $U^{(1)}$ 第 (m,i) 个元素的梯度可表示为

$$\frac{\partial L_{\text{rec}}}{\partial U_{m,i}^{(1)}} = \sum_{n=1}^{h}\sum_{l=1}^{L}\frac{\partial L_{\text{rec}}}{\partial \hat{\mathcal{Y}}_{m,n,l}} \cdot \frac{\partial \hat{\mathcal{Y}}_{m,n,l}}{\partial \tilde{\mathcal{Y}}_{m,n,l}} \cdot \frac{\partial \tilde{\mathcal{Y}}_{m,n,l}}{\partial U_{m,i}^{(1)}} = \sum_{n=1}^{h}\sum_{l=1}^{L}\mathcal{D}_{m,n,l} \cdot g'\left(\tilde{\mathcal{Y}}_{m,n,l}\right) \cdot \left(\sum_{k=1}^{R}\sum_{j=1}^{Q}\mathcal{C}_{\mathcal{Y}_{i,j,k}}U_{n,j}^{(2)}U_{l,k}^{(3)}\right)$$

$$(4\text{-}93)$$

其中，$\mathcal{D}_{m,n,l} = \dfrac{\partial L_{\text{rec}}}{\partial \hat{\mathcal{Y}}_{m,n,l}}$ 为损失函数对 $\hat{\mathcal{Y}}$ 中元素的梯度。当以欧几里得距离 $L_{\text{rec}} = \dfrac{1}{2}\left\|\hat{\mathcal{Y}} - \mathcal{Y}\right\|_F^2$ 为重建误差时，该梯度为

$$\mathcal{D}_{m,n,l} = \frac{\partial L_{\text{rec}}}{\partial \hat{\mathcal{Y}}_{m,n,l}} = \hat{\mathcal{Y}}_{m,n,l} - \mathcal{Y}_{m,n,l} \tag{4-94}$$

其中，$g'(\cdot)$ 为激活函数的导数，有

$$g'(x) = \begin{cases} 1, & 0 \leqslant x \leqslant 1 \\ 0, & \text{其他} \end{cases} \tag{4-95}$$

　　同样，其他维度上的滤波器 $U^{(2)}$ 和 $U^{(3)}$ 以相同的方式学习。损失函数对 $U^{(2)}$ 中第 (n,j) 个元素和 $U^{(3)}$ 中第 (l,k) 个元素的梯度分别为

$$\frac{\partial L_{\text{rec}}}{\partial U_{n,j}^{(2)}} = \sum_{m=1}^{w}\sum_{l=1}^{L}\frac{\partial L_{\text{rec}}}{\partial \hat{\mathcal{Y}}_{m,n,l}} \cdot \frac{\partial \hat{\mathcal{Y}}_{m,n,l}}{\partial \tilde{\mathcal{Y}}_{m,n,l}} \cdot \frac{\partial \tilde{\mathcal{Y}}_{m,n,l}}{\partial U_{n,j}^{(2)}} = \sum_{m=1}^{w}\sum_{l=1}^{L}\mathcal{D}_{m,n,l} \cdot g'\left(\tilde{\mathcal{Y}}_{m,n,l}\right) \cdot \left(\sum_{k=1}^{R}\sum_{i=1}^{P}\mathcal{C}_{\mathcal{Y}_{i,j,k}}U_{m,i}^{(1)}U_{l,k}^{(3)}\right)$$

$$(4\text{-}96)$$

$$\frac{\partial L_{\text{rec}}}{\partial U_{l,k}^{(3)}} = \sum_{m=1}^{w}\sum_{n=1}^{h}\frac{\partial L_{\text{rec}}}{\partial \hat{\mathcal{Y}}_{m,n,l}} \cdot \frac{\partial \hat{\mathcal{Y}}_{m,n,l}}{\partial \tilde{\mathcal{Y}}_{m,n,l}} \cdot \frac{\partial \tilde{\mathcal{Y}}_{m,n,l}}{\partial U_{l,k}^{(3)}} = \sum_{m=1}^{w}\sum_{n=1}^{h}\mathcal{D}_{m,n,l} \cdot g'\left(\tilde{\mathcal{Y}}_{m,n,l}\right) \cdot \left(\sum_{j=1}^{Q}\sum_{i=1}^{P}\mathcal{C}_{\mathcal{Y}_{i,j,k}}U_{m,i}^{(1)}U_{n,j}^{(2)}\right)$$

$$(4\text{-}97)$$

　　当反向传播收敛到某局部极小值时，张量滤波层的重建 $\hat{\mathcal{Y}}$ 能够逼近原始的 $\mathcal{Y}$。也就是说，低分辨率高光谱图像 $\mathcal{Y}$ 能够用编码张量 $\mathcal{C}_{\mathcal{Y}}$ 和可学习滤波器 $U^{(i)}(i=1,2,3)$ 表示。U_1 和 U_2 揭示了空间维的主要成分，U_3 揭示了光谱维的主要信息，编码张量 $\mathcal{C}_{\mathcal{Y}}$ 反映了空间维和光谱维间的相关性。可学习滤波器和编码

张量共同构成了低分辨率高光谱图像 $\mathcal{Y}$ 的无监督多维度表示，如图 4-22 所示。

4.7.2　多源张量深度特征联合表示

4.7.1 节介绍了张量滤波层，可以无监督地表示高光谱或多光谱图像的多维度深度特征。在高光谱-多光谱图像融合等任务中，涉及高光谱、多光谱图像等多源数据。为了联合表示 $\mathcal{Y}$ 和 $\mathcal{Z}$ 等多源数据，本节介绍一种耦合张量滤波网络。

如图 4-22 所示，在耦合张量滤波网络中，包含两个张量滤波层 $f_1(\mathcal{C};\Theta_1)$ 和 $f_2(\mathcal{C};\Theta_2)$，这两个滤波层通过共享编码张量 $\mathcal{C}$ 的方式耦合，即两个张量滤波层均以 $\mathcal{C}$ 为输入，在其不同维度进行模-n 张量积计算，分别重建低分辨率高光谱图像 $\hat{\mathcal{Y}}$ 和高分辨率多光谱图像 $\hat{\mathcal{Z}}$：

$$\hat{\mathcal{Y}} = f_1(\mathcal{C};\Theta_1) = g\left(\mathcal{C} \times_1 U^{(1)} \times_2 U^{(2)} \times_3 U^{(3)}\right) \tag{4-98}$$

$$\hat{\mathcal{Z}} = f_2(\mathcal{C};\Theta_2) = g\left(\mathcal{C} \times_1 V^{(1)} \times_2 V^{(2)} \times_3 V^{(3)}\right) \tag{4-99}$$

其中，可学习滤波器 $\Theta_1 = \left\{U^{(1)}, U^{(2)}, U^{(3)}\right\}$ 和 $\Theta_2 = \left\{V^{(1)}, V^{(2)}, V^{(3)}\right\}$ 从 $\mathcal{Y}$ 和 $\mathcal{Z}$ 中通过网络反向传播以端到端方式学习得到。

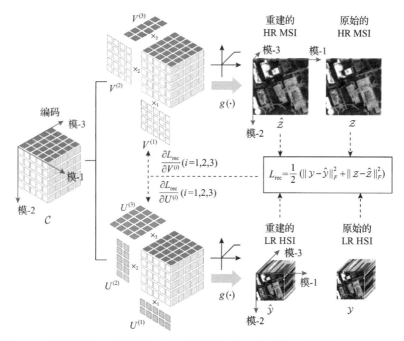

图 4-22　低分辨率高光谱图像 $\mathcal{Y}$ 和高分辨率多光谱图像 $\mathcal{Z}$ 的耦合张量滤波模型

低分辨率高光谱图像 $\mathcal{Y}$ 和高分辨率多光谱图像 $\mathcal{Z}$ 的重建误差为

$$L_{\text{rec}} = \frac{1}{2}\left(\left\|\mathcal{Y} - \hat{\mathcal{Y}}\right\|_F^2 + \left\|\mathcal{Z} - \hat{\mathcal{Z}}\right\|_F^2\right) \tag{4-100}$$

重建误差的梯度计算和反向传播公式类似。当该重建误差收敛到某局部最小值时，原始低分辨率高光谱图像 $\mathcal{Y}$ 和高分辨率多光谱图像 $\mathcal{Z}$ 能够被编码张量 $\mathcal{C}$ 和可学习滤波器 Θ_1、Θ_2 共同表示。也就是说，编码张量和可学习滤波器构成了 $\mathcal{Y}$ 和 $\mathcal{Z}$ 的联合多维度特征表示。具体地，$\{U^{(1)}, U^{(2)}\}$ 和 $\{V^{(1)}, V^{(2)}\}$ 分别反映了 $\mathcal{Y}$ 和 $\mathcal{Z}$ 空间维的主要成分，$U^{(3)}$ 和 $V^{(3)}$ 分别揭示了 $\mathcal{Y}$ 和 $\mathcal{Z}$ 的光谱信息，编码张量 $\mathcal{C}$ 描述了空间和光谱维间的相关性。高分辨率多光谱图像 $\mathcal{Z}$ 的空间维滤波器 $\{V^{(1)}, V^{(2)}\}$ 包含了高空间分辨率的特征，低分辨率高光谱图像 $\mathcal{Y}$ 的光谱维滤波器 $U^{(3)}$ 包含了高光谱分辨率的特征。因此，潜在的高分辨率高光谱图像 $\mathcal{X}$ 可以从这两组滤波器中通过模-n 张量积计算得到：

$$\hat{\mathcal{X}} = g\left(\mathcal{C} \times_1 V^{(1)} \times_2 V^{(2)} \times_3 U^{(3)}\right) \tag{4-101}$$

4.7.3　无监督张量图像融合网络

在上述多源张量深度特征联合表示中，耦合张量滤波的编码张量描述不同维度间的相关性。利用深度学习模型的学习能力，可以设计一个深度网络 $\mathcal{C} = f_0(\mathcal{Y}, \mathcal{Z}; \Theta_0)$ 来学习该相关性，其中 Θ_0 表示网络的参数集合。该深度网络 $f_0(\mathcal{Y}, \mathcal{Z}; \Theta_0)$ 和耦合张量滤波网络 $f_1(\mathcal{C}; \Theta_1)$ 及 $f_2(\mathcal{C}; \Theta_2)$ 构成了无监督张量深度学习网络，并应用于高光谱-多光谱图像融合，如图 4-23 所示。

值得指出的是，编码张量学习网络 $f_0(\mathcal{Y}, \mathcal{Z}; \Theta_0)$ 的作用是将低分辨率高光谱图像 $\mathcal{Y}$ 和高分辨率多光谱图像 $\mathcal{Z}$ 映射为编码张量 $\mathcal{C}$，理论上有多种网络结构可以实现。这里介绍一种基于 U-Net 架构的编码张量的学习网络 $f_0(\mathcal{Y}, \mathcal{Z}; \Theta_0)$。U-Net 架构具有多尺度能力，能够方便地处理不同尺度的 $\mathcal{Y}$ 和 $\mathcal{Z}$。网络结构如图 4-24 所示，该网络将高分辨率多光谱图像 $\mathcal{Z}$ 作为第一层级的输入并产生特征 $\mathcal{F}_1 = h(\mathcal{Z}) \in \mathbb{R}^{W \times H \times C}$，其中 $h(\cdot)$ 表示两个卷积层，卷积核大小为 3×3，C 为特征通道数。

$\mathcal{F}_1$ 逐级下采样，在第 t 个层级的特征为 $\mathcal{F}_t = h(d(\mathcal{F}_{t-1})) = h(d \cdots h(d(\mathcal{F}_1)))$，其中 $d(\cdot)$ 为下采样算子。假设在第 s 层级的特征 $\mathcal{F}_s \in \mathbb{R}^{w \times h \times C}$ 与低分辨率高光谱

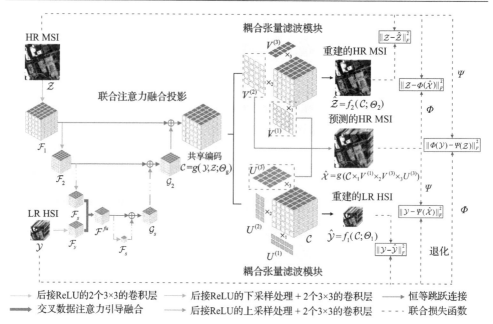

图 4-23　无监督张量图像融合网络

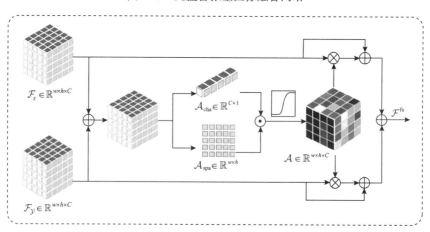

图 4-24　融合注意力学习过程

图像 $\mathcal{Y}$ 具有相同的尺度，则在该尺度进行基于注意力的特征融合，注意力学习了特征中的重要区域，引导这些重要特征进行融合。如图 4-24 所示，$\mathcal{Y}$ 的特征记为 $\mathcal{F}_y = h(\mathcal{Y}) \in \mathbb{R}^{w \times h \times C}$，可以在 $\mathcal{F}_s$ 和 $\mathcal{F}_y$ 的空间与通道维分别学习融合注意力。通道维的融合注意力为

$$\mathcal{A}_{\text{cha}} = \text{BN}\Big(W_0 \cdot \big(\text{glb\_avgpool}\big(\mathcal{F}_s + \mathcal{F}_y\big); \text{glb\_maxpool}\big(\mathcal{F}_s + \mathcal{F}_y\big)\big) + b\Big) \qquad (4\text{-}102)$$

式 (4-102) 通道注意力 $\mathcal{A}_{\mathrm{cha}}$ 用于挖掘通道间的相关性，度量通道的重要性；glb_avgpool 和 glb_maxpool 分别为全局平均池化和全局最大池化；池化的特征级联后经过权重 W_0、偏置 b 的全连接层，并经过批规范化得到通道注意力。空间维的融合注意力为

$$\mathcal{A}_{\mathrm{spa}} = \mathrm{BN}\Big(\mathrm{conv}\big(\mathrm{avgpool}\big(\mathcal{F}_s + \mathcal{F}_y\big); \mathrm{maxpool}\big(\mathcal{F}_s + \mathcal{F}_y\big)\big)\Big) \qquad (4\text{-}103)$$

$\mathcal{A}_{\mathrm{spa}}$ 学习了空间维上的重要区域。avgpool 和 maxpool 分别为通道方向的平均池化和最大池化。池化后特征级联经过卷积层，得到空间维融合注意力。$\mathcal{A}_{\mathrm{cha}}$ 和 $\mathcal{A}_{\mathrm{spa}}$ 相加后，得到融合注意力 $\mathcal{A} \in \mathbb{R}^{w \times h \times C}$：

$$\mathcal{A} = \mathrm{Sigmoid}\big(\mathcal{A}_{\mathrm{cha}} \odot \mathcal{A}_{\mathrm{spa}}\big) \qquad (4\text{-}104)$$

其中，$\odot$ 表示逐点相加（尺寸不匹配时补齐）；Sigmoid($\cdot$) 为非线性激活函数；融合注意力 $\mathcal{A}$ 指出了融合中的那些重要特征，在 $\mathcal{A}$ 引导下，这些重要特征的融合过程为

$$\mathcal{F}^{\mathrm{fu}} = \mathcal{F}_s \otimes \mathcal{A} + \mathcal{F}_y \otimes \mathcal{A} + \mathcal{F}_s + \mathcal{F}_y \qquad (4\text{-}105)$$

其中，$\otimes$ 表示点乘；融合的特征 $\mathcal{F}^{\mathrm{fu}}$ 可进一步下采样，达到最小尺度后再逐层上采样：

$$\mathcal{G}_{S-1} = h\big(u\big(\mathcal{G}_S\big)\big) + \mathcal{F}_{S-1} \qquad (4\text{-}106)$$

其中，$u(\cdot)$ 表示上采样算子，可通过转置卷积层实现。当上采样到原始尺度时，可得到编码张量：

$$\mathcal{C} = \mathcal{G}_1 = h\big(u\big(\mathcal{G}_2\big)\big) + \mathcal{F}_1 \in \mathbb{R}^{W \times H \times C} \qquad (4\text{-}107)$$

网络中，高光谱图像在空间维和光谱维的退化矩阵 Ψ 和 Φ 是未知的，在网络中联合学习。网络中，卷积核 $r \times r$ 步长 r 的卷积层可以实现空间维退化 Ψ，卷积核 1×1 通道数 l 的卷积层可以实现光谱退化 Φ。所有的参数以端到端方式学习。除了式 (4-100) 的重建误差损失函数，空-谱一致性度量也可以作为损失函数：

$$L_{\mathrm{cons}} = \big\| \mathcal{Y} - \Psi(\hat{\mathcal{X}}) \big\|_F^2 + \big\| \mathcal{Z} - \Phi(\hat{\mathcal{X}}) \big\|_F^2 + \rho \big\| \Psi(\mathcal{Z}) - \Phi(\mathcal{Y}) \big\|_F^2 \qquad (4\text{-}108)$$

其中，ρ 为权重，空-谱一致性度量损失的前两项使得融合后 $\hat{\mathcal{X}}$ 的空间和光谱退化图像 $\Psi(\hat{\mathcal{X}})$ 和 $\Phi(\hat{\mathcal{X}})$，能够逼近原始的低分辨率高光谱图像 $\mathcal{Y}$ 和高分辨率

多光谱图像 $\mathcal{Z}$。第三项使得高分辨率多光谱图像 $\mathcal{Z}$ 的空间维退化图像逼近低分辨率高光谱图像 $\mathcal{Y}$ 的光谱维退化图像。通过参数 λ 平衡重建误差和空-谱一致性度量损失：

$$L_{\mathrm{UDTN}} = L_{\mathrm{rec}} + \lambda L_{\mathrm{cons}} \tag{4-109}$$

优化上述损失函数，当收敛到某局部最优值后，潜在的高分辨率高光谱图像 $\hat{\mathcal{X}}$ 可通过式 (4-101) 计算。图 4-25 和图 4-26 给出了 Houston Univesity 和 Chikusei 数据集上的高光谱图像融合结果。

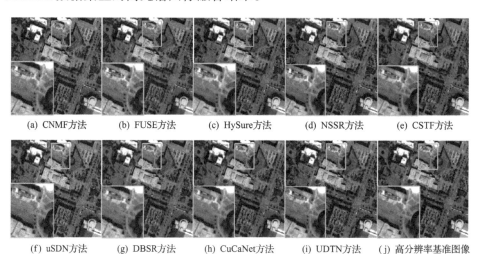

| (a) CNMF方法 | (b) FUSE方法 | (c) HySure方法 | (d) NSSR方法 | (e) CSTF方法 |
| (f) uSDN方法 | (g) DBSR方法 | (h) CuCaNet方法 | (i) UDTN方法 | (j) 高分辨率基准图像 |

图 4-25　Houston University 数据集上不同融合结果的伪彩色图像（R 为 1004.2nm，G 为 703.7nm，B 为 489.0nm；图像尺寸为 512×512，融合增强倍数为 4）

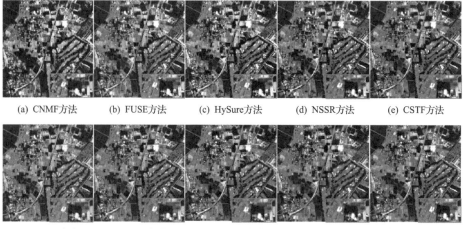

| (a) CNMF方法 | (b) FUSE方法 | (c) HySure方法 | (d) NSSR方法 | (e) CSTF方法 |
| (f) uSDN方法 | (g) DBSR方法 | (h) CuCaNet方法 | (i) UDTN方法 | (j) 高分辨率基准图像 |

图 4-26　Chikusei 数据集上不同融合结果的伪彩色图像（R 为 698.0nm，G 为 563.9nm，B 为

440.0nm；图像尺寸为 512×512，融合增强倍数为 8)

参 考 文 献

[1] Mikhail I. Tensor Algebra and Tensor Analysis for Engineers. Berlin: Springer, 2019.

[2] Panagakis Y, Kossaifi J, Chrysos G G, et al. Tensor methods in computer vision and deep learning. Proceedings of the IEEE, 2021, 109(5): 863-890.

[3] Liu J, Musialski P, Wonka P, et al. Tensor completion for estimating missing values in visual data. IEEE Transactions on Pattern Analysis and Machine Intelligence, 2013, 35(1): 208-220.

[4] Lu C Y, Feng J S, Lin Z C, et al. Exact low tubal rank tensor recovery from Gaussian measurements. Proceedings of the 27th International Joint Conference on Artificial Intelligence, Stockholm , 2018: 2504-2510.

[5] Xue J Z, Zhao Y Q, Huang S G, et al. Multilayer sparsity-based tensor decomposition for low-rank tensor completion. IEEE Transactions on Neural Networks and Learning Systems, 2022, 33(11): 6916-6930.

[6] Xue J Z, Zhao Y Q, Liao W Z, et al. Enhanced sparsity prior model for low-rank tensor completion. IEEE Transactions on Neural Networks and Learning Systems, 2020, 31(11): 4567-4581.

[7] Novikov A, Podoprikhin D, Osokin A, et al. Tensorizing neural networks. Advances in Neural Information Processing Systems, Montreal, 2015: 1-28.

[8] Abdel Hameed M G, Tahaei M S, Mosleh A, et al. Convolutional neural network compression through generalized kronecker product decomposition. Proceedings of the AAAI Conference on Artificial Intelligence, 2022, 36(1): 771-779.

[9] Zhen P N, Gao Z Y, Hou T S, et al. Deeply tensor compressed transformers for end-to-end object detection. Proceedings of the AAAI Conference on Artificial Intelligence, Vancouver, 2022, 36(4): 4716-4724.

[10] Chien J T, Bao Y T. Tensor-factorized neural networks. IEEE Transactions on Neural Networks and Learning Systems, 2018, 29(5): 1998-2011.

[11] Peng J J, Xie Q, Zhao Q, et al. Enhanced 3DTV regularization and its applications on HSI denoising and compressed sensing. IEEE Transactions on Image Processing, 2020, 29: 7889-7903.

[12] Yang J X, Xiao L, Zhao Y Q, et al. Variational regularization network with attentive deep prior for hyperspectral-multispectral image fusion. IEEE Transactions on Geoscience and Remote Sensing, 2022, 60: 1-17.

[13] Yang J X, Zhao Y Q, Chan J C. Hyperspectral and multispectral image fusion via deep two-branches convolutional neural network. Remote Sensing, 2018, 10(5): 800.

[14] Yang J X, Xiao L, Zhao Y Q, et al. Unsupervised deep tensor network for hyperspectral-multispectral image fusion. IEEE Transactions on Neural Networks and Learning Systems, 2024, 35(9): 13017-13031.

[15] Xue J Z, Zhao Y Q, Liao W Z, et al. Nonlocal low-rank regularized tensor decomposition for hyperspectral image denoising. IEEE Transactions on Geoscience and Remote Sensing, 2019, 57(7): 5174-5189.

[16] Xue J Z, Zhao Y Q, Bu Y Y, et al. Spatial-spectral structured sparse low-rank representation for hyperspectral image super-resolution. IEEE Transactions on Image Processing, 2021, 30: 3084-3097.

[17] 薛吉则. 基于张量结构低秩建模的高光谱图像复原研究. 西安: 西北工业大学, 2022.

[18] 孔祥阳. 基于张量分解的高光谱图像恢复研究. 西安: 西北工业大学, 2022.

[19] Xue J Z, Zhao Y Q, Bu Y Y, et al. When Laplacian scale mixture meets three-layer transform: A parametric tensor sparsity for tensor completion. IEEE Transactions on Cybernetics, 2022, 52(12): 13887-13901.

[20] 杨劲翔. 基于深度学习的高光谱图像分辨率增强研究. 西安: 西北工业大学, 2019.